外商顧問超強資料製作術

BCG 的12種圖形架構，
學會就能說服任何人！

外資系コンサルの資料作成術
短時間で強烈な説得力を生み出すフレームワーク

森秀明＿著

連宜萍＿譯

前言——說服，是商業資料的最大目的

　　我曾在外商顧問公司帶領自己的工作團隊，從錄用團隊的顧問人才，到培訓人才，十五年的時間，培育了超過一百位顧問和五十位經理人，現今各自在商場上叱吒風雲。

　　顧問的核心技術是什麼？其中之一，就是完成給客戶的報告書和提案書。製作一份簡潔有力、一目瞭然的資料，並且利用這份資料說服客戶。沒錯，我的工作就是這樣一次又一次地培訓顧問人才。

　　除此之外，我也協助客戶創辦顧問公司，傳授顧問工作的相關知識，輔導過至少兩百名同業。我教他們身為顧問不可或缺的報告書和提案書製作技巧，也為他們準備資料製作的指南。

　　因為這些經驗，我讀過至少十萬頁商業資料。身為顧問，我自己寫過至少一萬頁的報告書、提案書或討論資料等。因計畫變更，最後沒派上用場的資料更達三倍之多。除了客戶委託的案件之外，我也必須審核其他顧問或客戶撰寫的商業資料，修改、甚至重寫的的資料少說也有幾萬張。這些全部加起來，足足超過十萬頁。

　　從上述的經驗，我認為大部分的商業資料有下列的問題：
- 資訊過多，雜亂無章
- 想傳達的事情不明確
- 看似美觀，內容卻毫無邏輯性
- 資料整體缺乏連結性……等等

用這樣的資料向客戶說明，事情說不清楚，更不可能得到客戶的任何回應，只是徒勞無功罷了。在這種情況下，是無法說服客戶的。

商業資料的寫法，不盡然每個人都相同。為了在商場上尋找求各種可能性，人人做法不同也不是壞事。但是很可惜的，總有人想不戰而勝。然而，資料撰寫者如果不考慮閱讀者的想法，又如何完成一份好的商業資料呢？

商業資料最主要的目的就是希望能夠說服對方，挑起對方的行動，達成目標。既然如此，我們就不能浪費時間寫一份與目標背道而馳的資料。

為此，我開發了一套資料製作術。利用這套方法，每個人都可以編輯出有條有理的訊息和清楚易懂視覺效果，這樣的資料才能打動人心。這套方法就命名為「資料製作藍圖」。

請各位不要誤會，我並不是要各位用同一套模式思考或撰寫資料。這套資料製作術非但不會妨礙商業界菁英們的創造力，反之，還可以提高效率。

學會資料製作術有很多好處。首先，可以整理視覺和邏輯之間的關係，提高資料的品質，同時避免意欲不明的窘境。此外，資料撰寫者和閱讀者在同一個平台上溝通，可以避免離題。再者，沿用這套方法，就毋需在意太多的枝節問題，可以大幅縮減撰寫資料的時間。這套資料製作術本身就是一個商業構想，從提高效率的觀點來看，有不少的利點。

本書分為六章，內容概要如下：

第 1 章首先說明「資料製作藍圖」的整體概念，包括「視覺」、「邏輯」、「產出」和「溝通」四個步驟。決定資料的視覺類型後，再依

據邏輯輸入內容，逐步完成資料，並且透過溝通，掌握客戶的心理和想法。這就是資料製作術的整體概念。

第 2 章開始逐一說明這四個步驟。第 2 章和第 3 章是「視覺」的基礎篇和應用篇，說明邏輯法與資料的視覺類型。只要依據邏輯思考，自然就能決定資料的視覺類型。

資料的視覺表現只有十二種類型，學會這十二種類型，幾乎就能完成所有的商業資料。其中，也有知名顧問公司「麥肯錫」和「BCG」（波士頓顧問集團）常用的圖形架構。

第 4 章進入「邏輯」的本質。建立邏輯，必須從「事實是○○」（證據）、「因此◇◇」（主張）、「因為△△」（證明）這三者的關係著手，如何編輯這三項要素是關鍵。

第 5 章說明「產出」的順序。完成資料其實是有捷徑的，經過「筆記」→「草稿」→「編輯」這三道程序就能完成。

最後，第 6 章聚焦於「溝通」，介紹說服客戶，贏得客戶的認同，促使他們採取行動的技巧。

全書收錄六十八張圖表，每一張圖表都是商業資料的案例，因此，光是隨手翻看，也能接觸到資料製作的架構和技巧。

希望各位讀者都能熟練這套資料製作術，利用你撰寫的商業資料成功說服對手，達成目標！

森　秀明

contents

第 1 章

沒有計畫，不可盲目下筆

何謂打破常規？
勤加練習、有模有樣的人做了是打破常規；
沒模沒樣的人做了就是丟人現眼。

——歌舞伎演員 第十八代 中村勘三郎

什麼是資料製作藍圖？

‖ 工作需要方針

假設一星期後，你有機會利用一份商業資料說明你的想法，不論是向客戶提案，或是向公司高層說明一個企畫案，你打算寫出什麼樣的資料呢？

你會盲目地下筆嗎？這麼做會成功嗎？資料製作的老手們就另當別論，因為他們早有一套自己的做法。然而，對於不熟悉資料製作的人而言，為了因應像這樣突如其來的機會，必須事先學習，擁有自己的一套資料製作方針。

本書的主題是撰寫商業資料的技巧，教你寫出符合邏輯，具視覺效果，能夠清楚傳達訊息，並且打動人心的商業資料。因此，學習這套資料製作術，將使各位的工作更順利、更成功，而這也是本書的目的。

chart 1 的「資料製作藍圖」（P. 14）有系統地整理出我撰寫商業資料時所使用的技巧。這張圖表呈現了我在顧問公司時的所學、培育年

輕顧問時的所用，還有我在向客戶做簡報時的實戰經驗。

「資料製作藍圖」就是各位在準備商業資料時的方針，從開始準備撰寫，到實際下筆，以及之後利用這份資料向對方說明，任何時候都能支援我們。打動委託人或決策者，促使他們採取行動的方法，就濃縮在這張圖表中。

掌握四個步驟

一份好的商業資料有以下四個關鍵：

● 資料的呈現必須一目瞭然 ……………………… 【視覺步驟】
● 想表達的訊息必須有條有理 …………………… 【邏輯步驟】
● 完成資料時必須按步就班 ……………………… 【產出步驟】
● 內容必須是對方感興趣的事 …………………… 【溝通步驟】

如 chart 1 所示，資料製作藍圖是由「視覺」、「邏輯」、「產出」、「溝通」四個步驟所構成，而這四個步驟就是完成一份商業資料的關鍵。

在「視覺步驟」中，可以掌握清楚易懂的資料呈現方法。

在「邏輯步驟」中，可以學會符合邏輯的訊息編輯方法。

在「產出步驟」中，了解從「筆記」、「草稿」到「編輯」，一步一步完成資料的技巧。

在「溝通步驟」中，試著推敲決策者的想法，雙方有了共識後，再運用在資料製作上。

這四個步驟是互相牽動、相輔相成的。例如，我們利用視覺來表現

chart 1 資料製作藍圖

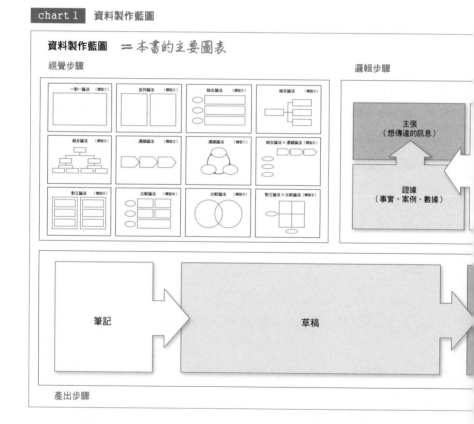

邏輯；在不斷與客戶溝通的同時，資料的產出也會逐步進化；視覺表現也會隨著產出的進化而更加完整。

因此，只要學會「視覺」、「邏輯」、「產出」、「溝通」這四個步驟，你撰寫的每一份的商業資料，一定會為各位的工作帶來幫助。

在第 1 章，我就簡單介紹這四個步驟。

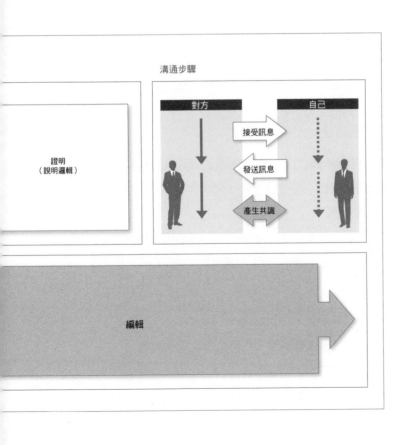

決定資料的形式
【視覺步驟】

商業資料只有十二種形式

身為顧問，至今為止我曾經負責超過一百項計畫，為此我寫了一萬頁的報告書、提案書和討論資料等；因計畫變更，最後沒派上用場的資料超過三萬頁；此外，我還審閱其他顧問和客戶寫的資料，全數加總後，我經手過的商業資料最少也有十萬頁。

某天，在一個安靜的地方，我腦海裡突然浮現商業資料的各種形式，依照至今成功的資料做一番分類之後，我發現可以分成十二種類型。

在視覺步驟，我將介紹商業資料的十二種類型。依我寫過十萬頁商業資料的經驗來說，只要學會這十二種型式，幾乎就能完成所有的商業資料。

chart 2 顯示這十二種視覺類型，我們從左上開始看起。

類形①是記述整合為一的內容；類型②則表示兩個群組的內容；類

chart 2　視覺步驟

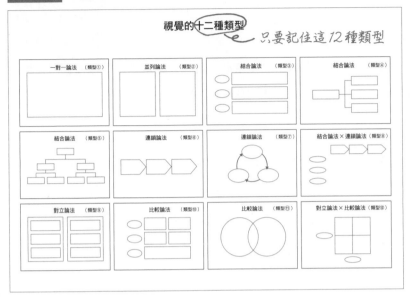

型③是將內容分為上、中、下三個部分呈現；類型④是將左側的要素分解為右側的三個小要素，也可以說右側的三個小要素總結後，就是左側的單一要素。

　　類型⑤是由上而下，層層分解每一個要素的結構；類型⑥是由左而右，依序連結數個部分的內容；類型⑦是將數個要素並排在圓周上，表示連結關係；類型⑧是由左而右依序連結數個部分的內容後，再說明每個部分的要素。

　　類型⑨是將左右兩個要素以對比的方式呈現；類型⑩則是將要素分為三類後，再描述其共通點和差異點；類型⑪正是所謂的文氏圖，用

兩個圓來呈現重疊和非重疊的部分；最後的類型⑫是矩陣圖，表現 2×2 的要素。

商業資料就只有這十二種類型，請先大致掌握這十二種圖形架構。我在第 2 章和第 3 章還會詳細解說使用方法。

▌ 從邏輯決定資料的形式

商業資料的這十二種類型，事實上是以邏輯學為依據。無論是說服對方的技巧，或是論述的架構，邏輯學是人類長久以來的智慧結晶。邏輯的六個基本論法，包括一對一論法、並列論法、結合論法、連鎖論法、對立論法和比較論法，而資料的十二種視覺類型就恰恰對應這六大論法。

一對一論法對應視覺類型①，並列論法是類型②，結合論法是類型③、類型④和類型⑤，連鎖論法就相當於類型⑥和類型⑦。

視覺類型⑧是結合論法 × 連鎖論法的組合，對立論法對應類型⑨，比較論法對應類型⑩和類型⑪，最後的類型⑫則是對立論法 × 比較論法的組合。

由此看來，我從多年經驗中累積的資料製作術，與人類發展的邏輯法則可說是不謀而合。

商業資料的形式和邏輯有著密不可分的關係，看懂資料的整體架構，就能明白它背後的邏輯。反過來說，只要掌握說服客戶的邏輯，自然而然就會知道你需要的視覺類型。資料的形式即是論述的邏輯，因此，我們可以從邏輯來決定資料的視覺類型。

只要順著這十二種視覺類型下筆，就能強化你的主張，完成一份有條有理、簡潔易懂的資料。反之，如果資料的架構不明確，或是過於複雜，內容一定也是缺乏邏輯和統整，讓人難以理解。

所有的視覺手法都是以邏輯為基礎，請先明白這一點，之後第 2 章和第 3 章還會詳細解說。

提高資料的說服力
【邏輯步驟】

‖ 證據、主張和證明，缺一不可

不知道大家有沒有聽過這麼一句玩笑話：「大家一起闖紅燈就不可怕」。這是大導演北野武組搞笑團體 Two Beat 時，流行過的笑話。我們就用這個例子來想想邏輯的問題。

在這句玩笑話中，「交通號誌顯示紅燈」是事實，但就算是紅燈，仍主張「闖紅燈」，根據的就是「大家一起闖就不可怕」。將這個例子套用在 chart 3 的邏輯步驟來看，「紅燈」這個事實是證據，無庸置疑地，「闖紅燈」就是主張，而支持這項主張的證明就是「大家一起闖就不可怕」。

「紅燈時不可以過馬路」是社會常識，我們從小就被這麼教導，「紅燈停，綠燈行」是交通規則。我們以 chart 3 來看，證據是「紅燈」，主張是「不可以過馬路」，其證明就是交通規則「紅燈停」。

北野武的玩笑話有趣的地方就在於，證據明明顯示「紅燈」，但他

chart 3　邏輯步驟

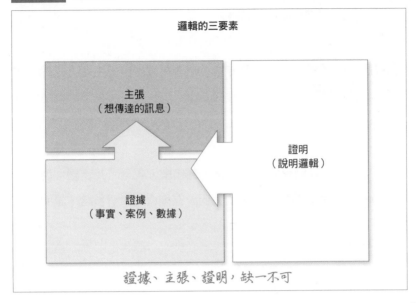

邏輯的三要素

主張
（想傳達的訊息）

證明
（說明邏輯）

證據
（事實、案例、數據）

證據、主張、證明，缺一不可

的主張卻和社會常識背道而馳。同樣是「紅燈」，有常識的人會主張「不可以過馬路」，然而北野武卻主張「闖紅燈」。主張分歧的原因，就在於連結證據和主張的「證明」不同。作為證明的邏輯根據可以是「大家一起闖就不可怕」，也可以是「紅燈停」。

我想強調的是，同樣的證據，卻推論出不同的主張，就端看是用什麼樣的邏輯和道理作為證明。因此，在撰寫商業資料時，只有證據和主張還不夠，必須再加上證明。

要建立邏輯，證據、主張和證明，這三項要素缺一不可。

「為什麼」的解答就是證明

各位讀者都聽過「豐田生產方式」吧。在實施豐田生產方式的工作現場，只要碰到問題，就會重複問五次「為什麼」，先追究問題的原因，再決定改善方法。

各位在說明事情時是否也被問過「為什麼」呢？「為什麼」就相當於 chapter 3 中連結證據和主張的證明，在撰寫商業資料時，證明極為重要。

以文字來敘述 chart 3 的邏輯步驟，就變成「事實是○○」（證據），「因此◇◇」（主張），「因為△△」（證明）。這就是邏輯的基本架構，各位在撰寫資料時，務必寫進證據、主張和證明這三項要素。

再回到剛才提到的玩笑話，聽到「大家一起闖紅燈就不可怕」，觀眾會開始想「為什麼」：「為什麼紅燈了還要闖過去呢？」像這樣讓對方感興趣的邏輯架構就非常棒。讓對方發問「為什麼」，繼續追問資料的內容，只要引起對方的興趣，就會有機會讓他更深入了解。

一份商業資料首先要，（1）提出主張，也就是我們想說服對方做出決定或採取行動的訊息；其次，（2）提出主張時要有所根據，包括事前蒐集並分析的事實、數據或案例等；最後，（3）以邏輯說明這些證據足以支持我們提出的主張，也就是證明。證據、主張和證明這三項要素必須清楚地呈現在一頁商業資料中。

4 讓資料一步步進化
【產出步驟】

「草稿」是資料製作高手的強力武器

在一場簡報會議上，我在電腦製作的正式資料中夾雜了幾張手寫資料。為了生動地表現和客戶熱烈討論的過程，我把和客戶一邊討論，一邊在白板上記下的內容做成手寫資料。我向所有人說明，這些手寫資料就是企畫的「草案」，也就是草稿。

許多人都知道，撰寫資料並不是一開始就打開電腦敲敲打打，而是先寫草稿，再正式編輯。那些擅長資料製作的人，都是先寫下一大堆的草稿，覺得 OK 了之後才開始正式編輯。因此，在正式編輯之前，寫草稿的過程可說是耗時又費力。

為什麼草稿如此重要呢？因為草稿可以輕易地追加、修改。如果一開始就小心翼翼地撰寫正式資料，非但修改費工，心中不想改的念頭也會更加強烈。遇到必須修改的狀況時，就要盡快修正，草稿的的功用就在於此。

筆記和草稿都將連結至正式編輯

如 chart 4 所示，資料製作高手在撰寫資料時，一定會經過筆記→草稿→編輯這三道程序。

「筆記」是將突發奇想的點子記在筆記本或行事曆上。在咖啡廳思考事情時，就隨手寫在杯墊背面；搭捷運時突然想到什麼，就記在行事曆上，這些都是筆記。

「草稿」就像前面例子中的草案。和客戶討論事情時，寫在白板上

chart 4 產出步驟

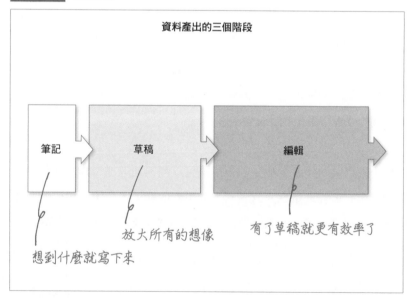

的關鍵字、重點、圖表等；或是在桌上攤開白紙，把腦中所有的想像都寫下來，這些都是草稿。要將筆記的點子結到正式編輯，草稿是不可或缺的步驟。

最後的步驟「編輯」，則是要交給客戶的資料。打開電腦，利用文書處理軟體、製圖軟體、影像編輯軟體等完成資料。

牢記筆記→草稿→編輯這三道程序，是成為資料製作高手的捷徑。

理解對方的想法和心理
【溝通步驟】

以心傳心

根據辭典《廣辭苑》記載，「以心傳心」意指「不需任何語言，彼此之間就能心意相通」。在溝通步驟，我將說明要如何與客戶（委託者、決策者）以心傳心。

耗時費力地完成了清楚易懂的視覺表現、毫無破綻的邏輯架構，自認為滿分的資料，但更重要的是，你要如何讓客戶接受這份資料，這就是溝通的目的。

如果客戶表示不感興趣，那麼所有的辛苦都將化為泡沫。所以說，視覺、邏輯、產出只是撰寫商業資料的基本要件，溝通才是最大的關卡，也是完成資料最重要的條件。

因此，在使用資料向客戶說明之前，能否與對方以心傳心，是溝通

步驟所要達成的目標。說明資料之前的溝通，是完成商業資料最重要的步驟。一份好的商業資料，絕對不會輕忽溝通的重要性。

‖ 贏了資料，千萬別輸在溝通上

準備的資料完美無缺，客戶的反應卻出乎意料地冷淡，我想很多人都有過這種挫折吧。大約十五年前，我負責一家電信公司的案件，擔任專案經理。我仔細調查了電信業界法人市場的新商機，為客戶制定計畫。和主管確認過內容之後，在簡報會議的前幾天完成了資料，我自認為做到這樣應該沒什麼好挑剔了。

簡報當天，會場不見客戶公司主要決策者，也就是董事長的身影，只有負責的經理代表出席。

我們順利地完成簡報，客戶也沒有提出任何問題，簡報會議就結束了。但真正糟糕的是，其實早在簡報會議之前，客戶公司內部就已經決定取消這專案。

我和主管，以及團隊成員萬萬都沒想到會是這樣的結果。視覺表現和邏輯架構都堪稱滿分的資料，最後卻敗在溝通上。

從上述例子可知，一份成功的商業資料，溝通比任何事情都重要。

經過溝通的資料才有意義

所有的商業資料都必須經過溝通才有意義。甚至可以這麼說，各位所做的資料只是促進與客戶溝通的橋梁。

再舉一個例子，大約十年前，一家建設公司委託我們擬定提案書，希望藉由發展新事業，躋身業界前三大。根據客戶的委託和幾次深度的訪談之後，我們完成了提案書。就在拜訪客戶公司，準備進行簡報時，專案的主要決策者，業務部董事見到我們，才告訴我們這項新事業已經決定要進行了。

都要簡報了，才發現資料的內容和客戶的委託有落差。我們準備的提案書一眼就能看出沒有針對客戶的需求。各位碰到這種情況會怎麼做呢？索性收回提案書，重新做一份嗎？還是就用帶去的資料隨機應變呢？

當時我拿出準備好的提案書，但只說明了其中幾張堪用的資料，再口頭整理剛才業務部董事說明的內容，讓客戶知道我們完全明白他的意思。結果很幸運地，我們成功拿下了那次的委託案。

這個例子告訴我們，並不是非得用準備好的資料與客戶溝通，根據當時的情況隨機應變，雙方能夠順暢溝通才是我們的目的。準備好的資料有時候也可能完全派不上用場，為了避免類似的情形發生，絕不能疏忽溝通步驟。

掌握對方隨時變化的心理

時間是溝通的關鍵。無論是撰寫資料的人,還是做決策的人,大家過的時間都一樣,但是在意義上卻不相同。對撰寫資料的人而言,經過的時間是靜態的,然而,對決策者來說時間是動態的。

資料撰寫者花了很長的時間努力完成了一份無可挑剔的資料,當然不希望被要求修改。就資料撰寫者的心態來說,不希望對方的需求或狀況改變,所以時間是靜態的。

`chart 5`　溝通步驟

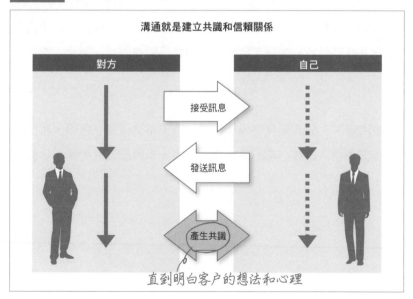

相對地，決策者的時間是動態的。就像前面提到電信公司的案例，公司內部取消原先的事業規畫或許是極端的案例，但是在競爭的商場上，狀況隨時都在改變。

掌握客戶的需求，即時修正路線；跟合作廠商交涉過後，再調整提案的細節內容；當收益計算方式改變了，也要重新審視獲利模式，這些改變都是家常便飯。希望事業成功，必須隨時修正計畫，而準備好的資料內容也需要不斷地修改。

在溝通步驟，我們必須隨著時間的流動，掌握客戶心理的變化。為了追求事業成功，決策者的需求是千變萬化的，在我們在撰寫資料的同時，客戶的要求也時刻都在改變。

如 chart 5 所示，務必使用未完成的資料與客戶溝通，試探客戶的反應。透過不斷的溝通，雙方取得共識，這也是為了說服對方的準備工作。商業資料是資料撰寫者與委託人經過不斷的溝通，而產生的共同創作。

溝通決定了一份商業資料成功與否。為了不讓視覺、邏輯、產出的努力徒勞無功，請務必牢記溝通技巧。第 6 章將深入解說溝通步驟的重點。

第 **2** 章

視覺手法的背後，有邏輯做後盾
（基礎篇）

簡單，是最終極的細膩。
Simplicity is the ultimate sophistication.

──義大利博學家 達文西

視覺手法和邏輯是相互呼應的

邏輯共有六種論法＋兩種組合

要提出主張，展開論點，寫出符合邏輯的文章，使用的邏輯論法只有六種類型。chart 6 列出了本書介紹的所有邏輯類型。

chart 6 邏輯類型

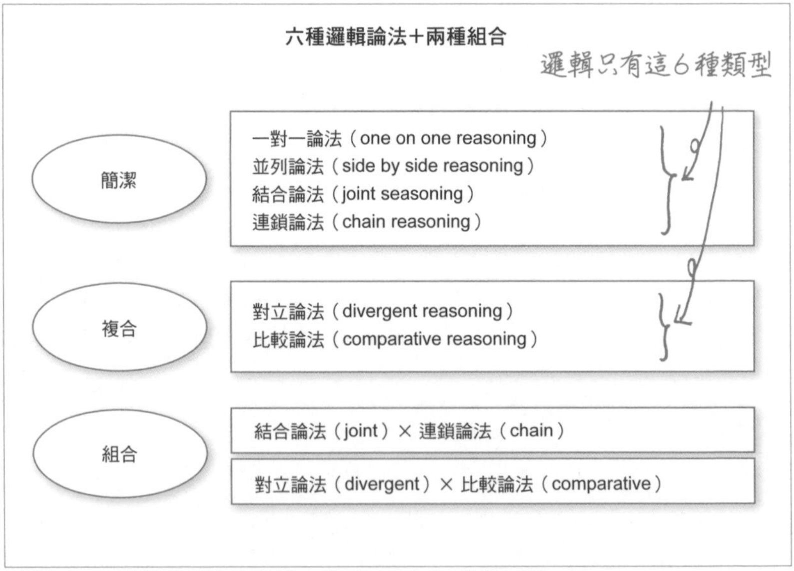

六種邏輯論法＋兩種組合

邏輯只有這6種類型

簡潔	一對一論法（one on one reasoning） 並列論法（side by side reasoning） 結合論法（joint seasoning） 連鎖論法（chain reasoning）
複合	對立論法（divergent reasoning） 比較論法（comparative reasoning）
組合	結合論法（joint）× 連鎖論法（chain）
	對立論法（divergent）× 比較論法（comparative）

參考資料：Lawrence A. Machi and Brenda T. McEvoy, *The Literature Review: Six Steps to Success.*

基本論法有一對一論法、並列論法、結合論法和連鎖論法四種；稍微複雜一點的複合論法，有對立論法和比較論法。此外，將幾種論法組合之後就有新的組合論法，一種是結合論法 × 連鎖論法的組合，另一種是對立論法 × 比較論法的組合。

邏輯類型根據的就是這六種基本論法，這不僅可以運用在商場上，也可以運用在學術界。為了因應商場上的需求，除了六種基本論法之外，我另外加上結合論法 × 連鎖論法的組合，以及對立論法 × 比較論法的組合。運用這六種論法和兩種組合，幾乎可以完成大部分的商業資料。

┃邏輯與視覺類型的對應圖

在第 1 章 chart 2（p. 17）的視覺步驟中，已經說明商業資料只有十二種形式，這十二種視覺類型可以一一對應剛才介紹的邏輯論法。

chart 7 以圖解方式說明邏輯與視覺類型的對應關係：一對一論法對應視覺類型①，並列論法對應類型②，結合論法對應類型③、類型④和類型⑤。

此外，連鎖論法對應視覺類型⑥和類型⑦，結合論法 × 連鎖論法的組合對應類型⑧，對立論法對應類型⑨，比較論法對應類型⑩和類型⑪，對立論法 × 比較論法的組合則對應類型⑫。

chart 7　邏輯與視覺類型的對應圖

邏輯對應的視覺類型

結合論法　　　　　　（類型③）

結合論法

結合論法　　　　　　（類型④）

結合論法

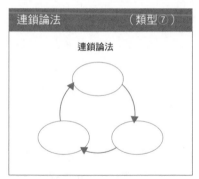

連鎖論法　　　　　　（類型⑦）

連鎖論法

結合論法×連鎖論法　（類型⑧）

結合論法 × 連鎖論法

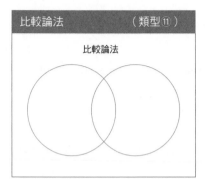

比較論法　　　　　　（類型⑪）

比較論法

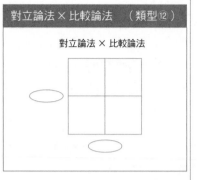

對立論法×比較論法　（類型⑫）

對立論法 × 比較論法

邏輯和資料形式之間的對應關係是重點。在製作資料時，只要掌握論述的邏輯，自然而然就能決定資料的形式。也就是說，我們看一份資料的形式，就能明白撰寫者的思考邏輯。因此，了解邏輯和視覺類型的組合非常重要。

　　了解每一種視覺類型，將這些形式記在腦海裡。每一種資料形式的背後都有邏輯，以及符合邏輯的資料寫法，我們必須清楚知道資料的視覺類型與邏輯論法的對應關係。

資料的視覺效果取決於邏輯，而非感性

　　蘋果公司開發的 iPhone 很漂亮吧。外型美觀，而且容易操作，美感和實用性兼具。

　　如果把商業資料比喻成 iPhone，資料的形式和內容應該是成正比的。「資料做得賞心悅目，而且條理分明，讓人一目瞭然」，能夠做出這樣的資料，才是真正的高手。

　　強調視覺效果的重要性，總讓人聯想到要感性，要有藝術氣息，其實不然。決定一份資料的視覺表現，是背後的邏輯。

　　如前述，資料的形式必須對應論述的邏輯；而邏輯的展開，必定有最適合的資料形式。

因此，了解視覺手法背後的邏輯和論法很重要。也就是說，能夠做出賞心悅目、一目瞭然的視覺效果的資料製作高手，必定也是有邏輯的人。

透過訓練和經驗能夠提升邏輯能力，自然而然地，資料也會越寫越好。視覺的十二類型究竟該如何選擇？以邏輯判斷，就能正確選擇。

接著就一一說明這十二種視覺類型的使用方法。

基礎中的基礎：解讀事實，導出主張【一對一論法】

一對一論法——從一個事實導出一個主張

一對一論法是所有邏輯類型中最基本的，根據一個有說服力的論證，推論出一個結論。如 chart 8 所示，根據一個事實、案例或數據，用

chart 8　一對一論法

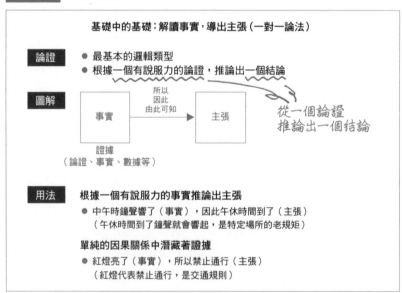

基礎中的基礎：解讀事實，導出主張（一對一論法）

論證
● 最基本的邏輯類型
● 根據一個有說服力的論證，推論出一個結論

圖解

　　　　　所以
　　　　　因此
　　　　　由此可知

事實　　→　　主張

證據
（論證、事實、數據等）

從一個論證
推論出一個結論

用法
根據一個有說服力的事實推論出主張
● 中午時鐘聲響了（事實），因此午休時間到了（主張）
　（午休時間到了鐘聲就會響起，是特定場所的老規矩）

單純的因果關係中潛藏著證據
● 紅燈亮了（事實），所以禁止通行（主張）
　（紅燈代表禁止通行，是交通規則）

「所以」、「因此」、「由此可知」等連接詞連結主張。

　　舉例來說，「中午時聲響了」，從這個事實可以推論出主張：「因此午休時間到了」，因為「午休時間到了，鐘聲就會響起」已經是老規矩了。

　　再舉一個例，「紅燈亮了」這個事實也可以推論出主張：「所以禁止通行」，因為「紅燈停，綠燈行」這個大家都知道的交通規則潛藏在邏輯架構中。

　　chart 9 的視覺類型①，是將一對一論法運用在商業資料時的形式。資料的主體部分寫的是事實、案例、數據等證據，而標題寫的是想傳

`chart 9`　一對一論法 & 視覺類型①

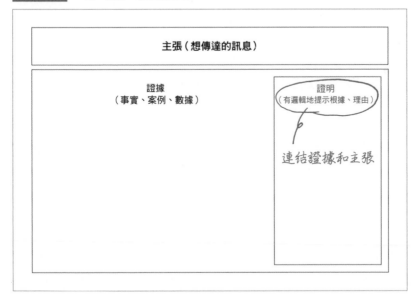

達的訊息。

一對一論法基本上是利用視覺類型①來表現，其中「證據」和「主張」是一定要有的，「證明」則依情況可寫，也可不寫。

就剛才的例子來說，由於紅綠燈規則是人人都知道的社會規範，不需要任何提示大家也會懂。另外，午休時間的鐘聲也是每天在那裡工作的人都知道的潛規則，同樣不需要提示。類似這樣的社會常識或科學法則，通常都不需要證明。

但如果提出的證據是對方不熟悉的事物，就有必要仔細說明。舉例來說，提出的證據如果是數據資料，資料的來源可不可靠、數據的處理方法和計算方法等，都必須寫清楚，才能作為證明。此外，當需要判斷事業投資的可行性時，投資報酬率、投資回收期、多久之後開始轉虧為盈，可以回收損失，這些判斷依據也要寫清楚。

利用數據圖建立邏輯，提高說服力
〔視覺類型①〕

我在 BCG 開始接觸顧問工作時，公司建議大家無論做任何資料都要使用數據圖。整理資料、分析資料時可以用柱狀圖、折線圖、散點圖、面積圖等，任何數據資料都可以用數據圖呈現。

後來我才發現，一邊做數據圖的同時，邏輯概念也會自然而然形成。對於還不熟悉邏輯的顧問新手來說，利用數據圖來撰寫資料，就不容

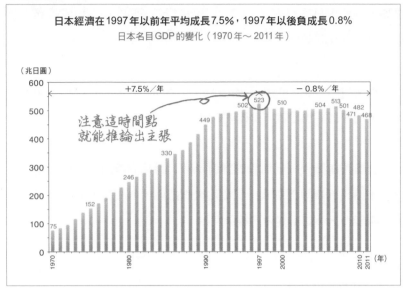

chart 10　日本的GDP變化〔視覺類型①的案例〕

日本經濟在1997年以前年平均成長7.5%，1997年以後負成長0.8%

日本名目GDP的變化（1970年～2011年）

（兆日圓）

+7.5%／年　　　　　　　－0.8%／年

注意這時間點
就能推論出主張

根據 United Nations Statistics Division 的 GDP 資料計算年平均成長率。

易出現邏輯上的漏洞。資料製作的新手們不妨也從做數據圖開始！

　視覺類型①經常利用數據圖來表現。chart 10 的數據圖即是呈現一對一論法的視覺類型①。如標題所示，這張數據圖顯示1970年至2011年日本名目 GDP 的變化。

　從數據資料得知，1970年時，日本的名目 GDP 為75兆日圓，到1997年時，成長到最高峰523兆日圓，此後就陷入經濟低迷，2011年的 GDP 已下跌至468兆日圓。以這份名目 GDP 計算年平均成長率，1970年到1997年的年平均成長率為7.5％，而1997年到2011年的年平均成長率降到負0.8％。

視覺類型①呈現的是一對一論法，也就是以日本的名目 GDP 數據為證據，推論出日本經濟在 1997 年以前創下 7.5%的年平均成長率，之後就陷入負 0.8%的成長率。

資料來自有公信力的國際機構 United Nations Statistics Division，而且年平均成長率也是依照正確的計算方式，這些都屬於證明。

將數據做成圖表，利用數據圖會比較容易建立邏輯。如前所述，即使是不擅長邏輯思考的人，只要繪製數據圖，邏輯自然就會形成。培養邏輯能力，不妨就從做數據圖開始。

畫數據圖的基本規則

仔細看 chart 10 的時間軸，這裡列出了四十年之間的 GDP 變化。想像一下，如果只有列出過去五年或十年的 GDP 變化，就無法像這張圖表，在四十年的時間軸上看出日本經濟成長的轉折點。如果只有取五年或十年的數據，就只能看出日本經濟停滯不前，連年負成長的跡象。

我們就以 chart 10 來解說數據圖的基本規則。首先，所有的圖表都要有標題，這張數據圖的標題是「日本名目 GDP 的變化（1970 年～2011 年）」；其次，圖表範圍必須用框線框起來，接著設定數據圖的橫軸和縱軸，這張圖表下方的橫軸是項目軸，左側的縱軸是數值軸，在項目軸和數值軸的框線外加上刻度就更清楚了。

橫軸依序從 1970 年排到 2011 年，單位（年）寫在右端；縱軸是名目 GDP 的金額，從 0 日圓到 600 兆日圓，每 100 兆日圓畫一個刻度，在左上方寫上單位（兆日圓）。刻度的數量將決定一份資料是否能讓人一目瞭然。

在決定刻度的數量時，可以利用「神奇數字 7±2」。美國心理學家米勒（George Miller）指出，人類的短期記憶容量大約只有七個，加減二是容許的範圍。因此，縱軸的數值軸設定在 7±2 的範圍內最為理想。這張圖表的縱軸是從 0 日圓到 600 兆日圓，正好是七個；橫軸的項目軸是十年畫一個刻度，再加上最近的 2011 年和高峰點的 1997 年兩個刻度，也正好是七個，橫軸和縱軸都控制在 7±2 的範圍內。

數字的單位也很重要，chart 10 以兆日圓為單位就很清楚，如果是億日圓、萬日圓，或直接以日圓為單位，標示的數字位數太大，太多的 0 將妨礙辨識。此外，柱狀圖上也可以適當地標上數字，如果每一年都標上數字會太繁雜，所以這張圖表是每隔五年標示當年的數值，並特別在高峰點 1997 年和最近的五年連續標上數值。

這些是畫數據圖最基本的規則。chart 10 集合了所有竅門，各位在畫數據圖時可以作為參考。

以數個事實或案例進行說明
【並列論法】

並列論法——用兩個以上的事實提高說服力

我們先來看一個代表性的例子，「蘇格拉底死了，柏拉圖死了，亞里斯多德也死了，所以人類是會死的生物」，這個例子可以說是並列論法的基本型。

「蘇格拉底死了」是事實，「柏拉圖死了」、「亞里斯多德死了」也是，從這三個事實得到的結論就是「人類是會死亡的生物」。其實，只要有一個事實「蘇格拉底死了」，就能得到相同的結論，但這個例子卻用了三個事實導出結論，這就是並列論法的特色。只要有一個事實就能導出結論，蒐集數個有力的事實，是為了加強結論的正確性。

如 chart 11 所示，這些證據中，其實只要案例 1 就足以證明我們的主張，卻又增加案例 2、數據 3 和專家見解 4 來加強主張的正確性。只用一個事實證明主張可能無法令人信服，因此，結合數個事實，一再地確認主張的正確性，這就是並列論法。

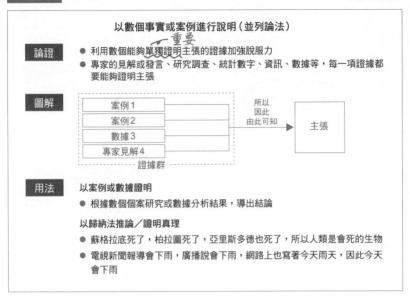

chart 11 並列論法

以數個事實或案例進行說明（並列論法）

論證
- 利用數個能夠單獨證明主張的證據加強說服力　～重要
- 專家的見解或發言、研究調查、統計數字、資訊、數據等，每一項證據都要能夠證明主張

圖解

| 案例 1 |
| 案例 2 |
| 數據 3 |
| 專家見解 4 |

─── 證據群

所以
因此
由此可知 → 主張

用法
以案例或數據證明
- 根據數個個案研究或數據分析結果，導出結論

以歸納法推論／證明真理
- 蘇格拉底死了，柏拉圖死了，亞里斯多德也死了，所以人類是會死的生物
- 電視新聞報導會下雨，廣播說會下雨，網路上也寫著今天雨天，因此今天會下雨

專家的見解或發言、研究調查的結果、統計數字、資訊，以及各種數據等，都是可以作為證據的事實、案例和數據。在並列論法中，所提出的每一項事實都必須足以證明主張的正確性。

再舉一個例子，要知道今天的天氣時，我們同樣可以拿出三個證據，電視新聞報導今天會下雨（證據 1），廣播也說會下雨（證據 2），網路上也寫著今天是雨天（證據 3），從這些證據，我們合理主張「因此今天會下雨」。當然，只要一個證據就能推論今天會下雨，提出三個證據的目的是為了提高主張的說服力。

並列論法也可以說是歸納法。觀察數個事實，推論出最接近的結論，

chart 12　並列論法＆視覺類型②

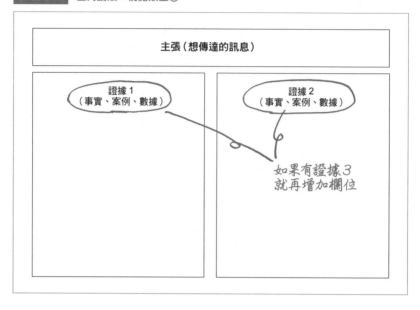

在並列論法的背後，有著歸論法的思考邏輯。並列論法對應的視覺類型②，就像 chart 12 的形式。為了證明主張，在資料的主體部分列出證據 1、證據 2 等數個證據。如同先前的說明，證據就是事實、案例、數據等。如果準備的證據超過兩個，只要將證據 1、證據 2、證據 3……並排就行。採用並列論法時，記得要搭配視覺類型②。

以不同的例子提示共同的訊息〔視覺類型②〕

世界屈指可數的消費日用品大廠 P&G（寶鹼），是運用腦力激盪法（brainstorming）來發展事業，做得非常成功的一家公司。另一方面，

chart 13　腦力激盪法的規則〔視覺類型②的案例〕

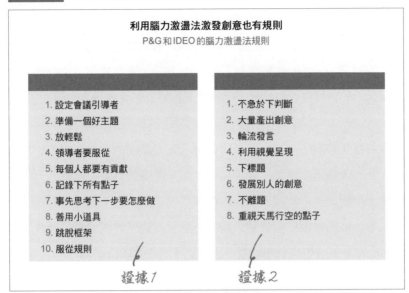

利用腦力激盪法激發創意也有規則

P&G 和 IDEO 的腦力激盪法規則

1. 設定會議引導者	1. 不急於下判斷
2. 準備一個好主題	2. 大量產出創意
3. 放輕鬆	3. 輪流發言
4. 領導者要服從	4. 利用視覺呈現
5. 每個人都要有貢獻	5. 下標題
6. 記錄下所有點子	6. 發展別人的創意
7. 事先思考下一步要怎麼做	7. 不離題
8. 善用小道具	8. 重視天馬行空的點子
9. 跳脫框架	
10. 服從規則	

證據1　　　　　　證據2

參考資料：A. G. Lafley and Ram Charan, *The Game-Changer: How You Can Drive Revenue and Profit Growth with Innovation.*
　　　　　Tom Kelley and Jonathan Littman, *The Art of Innovation: Lessons in Creativity from IDEO, America's Leading Design Firm.*

美國設計顧問公司 IDEO 也以腦力激盪法培訓人才而聞名。腦力激盪法可以激發創意，並且讓創意成為事業，創造佳績，是非常受矚目的管理手法。

　　chart 13 是 P&G 和 IDEO 採用腦力激盪法的規則，利用視覺類型②，在主體部分列出 P&G 和 IDEO 兩家公司的規則，標題則是導出的結論：「利用腦力激盪法激發創意也有規則」。

　　從這兩家公司的例子可知，要讓腦力激盪法發揮效果，不能只是無謀地進行，制定適合組織的規則才是關鍵。

在 P&G 的規則中，我們可以看見在如此大規模的公司裡，為了讓腦力激盪法的發揮效果，可說是煞費苦心。例如，「1. 設定會議引導者」和「4. 領導者要服從」就是針對組織的階層關係制定的規則。此外，「3. 放輕鬆」、「9. 跳脫框架」和「10. 服從規則」則是企圖打破企業根深柢固的習慣性思考模式，這些規則都是為了激發員工的創意。

再來看 IDEO 的八條規則。IDEO 重視的是創意的數量和獨特性，例如，「2. 大量產出創意」表示他們對創意數量的重視。此外，「1. 不急於下判斷」、「6. 發展別人的創意」、「8. 重視天馬行空的點子」可以看出他們重視任何異想天開的創意。在他們的經驗中，那些異想天開的創意裡，也許就隱藏著令人意想不到的重要啟發。

這兩家公司的規則雖然不同，但仍能導出共同的主張，那就是運用腦力激盪法時，必須制定適合自家公司的規則，並且徹底執行。

觀察、分析數個事實後，說明結果
〔視覺類型②〕

路上經常可以看見有人在發面紙吧。2000 年代初期，在街頭發廣告面紙是當時日本消費融資公司的主要促銷手法。

chart 14 也是視覺類型②的例子。這份資料的主張為「實施全天在街頭發放面紙的業務」，這是促銷的關鍵，而支持這項主張的是 A 公司與 B 公司兩家消費融資公司的營運體制。從這張營運體制的時間表，

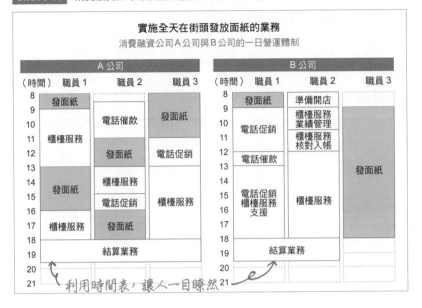

chart 14　消費融資公司的業務營運體制〔視覺類型②的案例〕

實施全天在街頭發放面紙的業務

消費融資公司A公司與B公司的一日營運體制

A 公司			B 公司		
（時間）　職員 1	職員 2	職員 3	（時間）　職員 1	職員 2	職員 3

A公司：
- 8–9 發面紙
- 9–13 櫃檯服務（職員1）；電話催款、發面紙（職員2）；發面紙（職員3）
- 電話促銷（職員3）
- 13–16 發面紙（職員1）；櫃檯服務、電話促銷（職員2）；櫃檯服務（職員3）
- 16–18 櫃檯服務（職員1）；發面紙（職員2）
- 18–19 結算業務

B公司：
- 8–9 發面紙（職員1）；準備開店（職員2）
- 9–10 電話促銷；櫃檯服務業績管理
- 10–11 櫃檯服務核對入帳
- 11–13 電話催款
- 13–18 電話促銷櫃檯服務支援（職員1）；櫃檯服務（職員2）；發面紙（職員3）
- 18–19 結算業務

利用時間表，讓人一目瞭然

可以看到兩家公司都在上班時間安排不同的人員在街頭發放面紙。

　　當時，我們的客戶 C 公司正在重新審視營運體制，為了向 C 公司說明應有的體制，我們選擇了競爭對手 A 公司和 B 公司的池袋分店作為觀察的對象。

　　我們觀察 A 公司與 B 公司員工一整天的行動，尤其注意員工在什麼時間離開公司去發廣告面紙。我們也對兩家公司的員工進行訪談，確認所有的細節，以提高觀察數據的精確度。像這類要當作證據的數據，必須到現場實地觀察，資料經過整理、分析，可信度才會提高，這步

驟很重要。這個例子將營運體制以一天的工作時間表呈現，完成可以傳達訊息、支持主張的證據。

C 公司在看了這份調查結果之後，重新檢討他們的營運體制，也安排人員在外發放廣告面紙。儘管知道在街頭發放廣告面紙是有效的促銷手法，但為了說服公司內部的反對派，取得相關人員的認同，必須提出幾家競爭對手的營運體制作為說服的證據。

結合數個事實，導出主張
【結合論法】

結合論法──結合數個事實，推論出主張

先介紹一個簡單的例子，如果氣溫降到冰點以下（證據1），濕度充足（證據2），氣流也上升（證據3），應該就快下雪了（主張）。因為氣溫、濕度和氣流是下雪的三個必要條件。只有氣溫降到冰點以下（證據1）並不會下雪，只有濕度充足（證據2）也不會下雪，只有氣流上升（證據3）也不行。然而當這三個條件都齊全了，一般來說很可能就要下雪了。像這樣結合好幾個證據推論出一個訊息的方法，就稱為結合論法。

第8節介紹的「並列論法」，即使只有其中一個證據也能推論出主張，然而，「結合論法」必須結合數個證據才能作為證明主張的根據，這就是兩者的差異。

chart 15 整理了結合論法的重點，結合論法的特色就是必須結合兩個以上的證據來證明主張，只有一個證據無法充分證明主張。

chart 15　結合論法

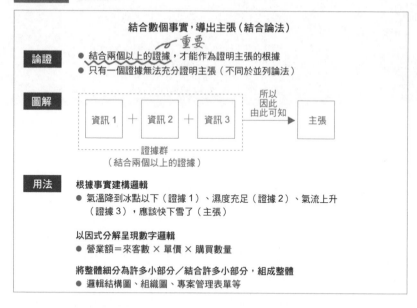

以因式分解來呈現數字邏輯，例如：

營業額＝來客數 × 單價 × 購買數量

要導出等號左邊的變數「營業額」，必須將「來客數」、「單價」、「購買數量」這三項相乘，這就是典型的結合論法。

邏輯結構圖或組織圖也屬於結合論法。將整體細分為許多小部分，或是結合許多小部分，組成整體，都是基於結合論法的思考方式。

以下就依序說明結合論法對應的三種視覺類型。

說明三個重點〔視覺類型③〕

　如何做一場有說服力的簡報？許多人都會建議，開頭先說「重點有三個」，之後再依序說明這三個重點的內容，這就是結合論法的思考方式。這個思考方式可以利用視覺類型③來呈現，如 chart 16，三個要素 a、b、c 有各自的證據，並導出想傳達的訊息。

　chart 17 的視覺類型③，是結合論法的典型例子。這份資料要傳達的訊息是「H 機場國際線貴賓室 SPA 成功的因素，結合了景觀、裝潢和

chart 16　結合論法＆視覺類型③

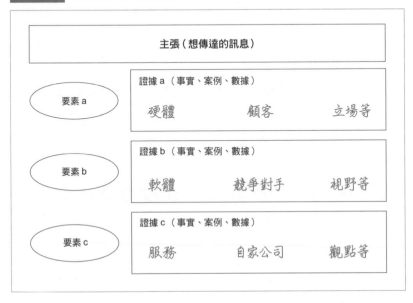

chart 17　成功的三要素〔視覺類型③的案例〕

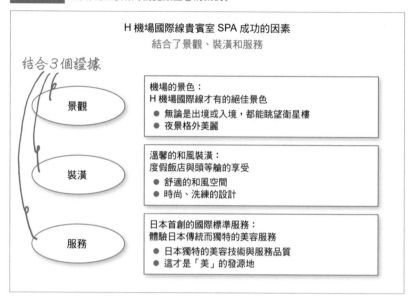

結合3個證據

H 機場國際線貴賓室 SPA 成功的因素
結合了景觀、裝潢和服務

景觀

機場的景色：
H 機場國際線才有的絕佳景色
● 無論是出境或入境，都能眺望衛星樓
● 夜景格外美麗

裝潢

溫馨的和風裝潢：
度假飯店與頭等艙的享受
● 舒適的和風空間
● 時尚、洗練的設計

服務

日本首創的國際標準服務：
體驗日本傳統而獨特的美容服務
● 日本獨特的美容技術與服務品質
● 這才是「美」的發源地

服務」。支持這項訊息的，是機場的景色、溫馨的和風裝潢，以及日本首創的國際標準服務這三點。

　　一項事業要成功，必須掌握顧客和環境的變化。這個例子是我們和顧客經過多次商議之後，了解對顧客而言，最重要的是景觀、裝潢和服務，因此選定這三個要素。

　　如果是其他事業，針對不同的客層，也許會選擇硬體、軟體和服務。利用視覺類型③列出數個要素，說明訊息，這也是結合論法的基礎。

以因式分解說明原因〔視覺類型④〕

第二種結合論法的形式是因式分解，如 chart 18 的視覺類型④。左側的數據 Y 由右側三個數據 X1、X2、X3 所構成。如果數據 Y 是營業額，那麼營業額的高低取決於來客數、單價和購買數量，就可以利用視覺類型④來呈現。

chart 19 以視覺類型④呈現業務活動進行的過程。對這家公司來說，如何增加簽約企業是重點，因此，這張圖表左邊的數據 Y 為「簽約企業數」，而為了提高「簽約企業數」，圖表的右邊結合了「目標客戶

chart 18　結合論法 & 視覺類型④

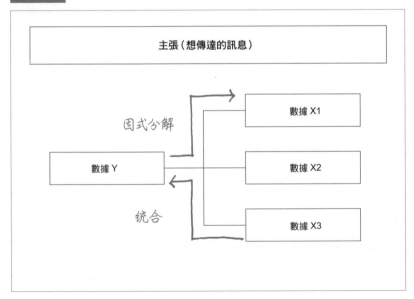

chart 19　業務成果的分解與實驗〔視覺類型④的案例〕

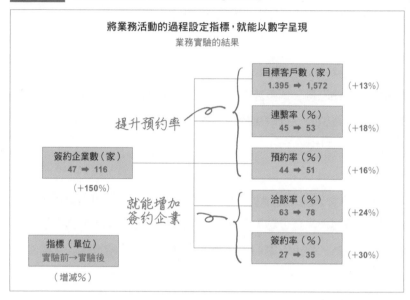

將業務活動的過程設定指標，就能以數字呈現

業務實驗的結果

	目標客戶數（家） 1.395 ➡ 1,572	（+13%）
提升預約率	連繫率（%） 45 ➡ 53	（+18%）
簽約企業數（家） 47 ➡ 116 （+150%）	預約率（%） 44 ➡ 51	（+16%）
就能增加 簽約企業	洽談率（%） 63 ➡ 78	（+24%）
指標（單位） 實驗前→實驗後 （增減%）	簽約率（%） 27 ➡ 35	（+30%）

數」、「連繫率」、「預約率」、「洽談率」、「簽約率」五個要素。

　　將業務活動進行的過程設定指標，首先與目標客戶取得連繫之後，預約見面的時間，經過洽談，才能成功簽約。換句話說，將提高簽約企業數這個目標，分解成業務活動的五個要素，就能以數字呈現。我們也實際調查這家公司兩個時間點每個數字的變化。

　　以數據資料進行因式分解時，利用結合論法對應的視覺類型④，效果最好。

基本階層結構：金字塔原理
〔視覺類型⑤〕

另一種結合論法為視覺類型⑤，如 chart 20 所示。視覺類型⑤是從最上層的要素一層一層向下分解。以下舉兩個實際的例子說明。

第一個例子是 chart 21 的金字塔原理，這是美國顧問明托（Barbara Minto）所開發的邏輯思考法。如圖所示，將最上層的結論 A 分解為 a、b、c 三個主要素，每個主要素也因為有數個事實才得以成立。

假設結論 A 是「建議與 A 公司合作銷售」，我們可以想像主要素有

chart 20 結合論法 & 視覺類型⑤

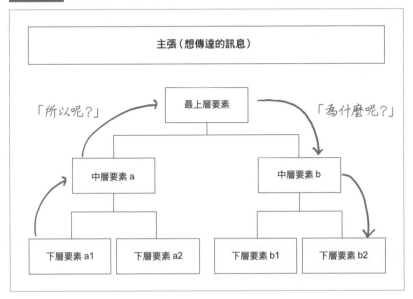

chart 21　金字塔原理〔視覺類型⑤的案例〕

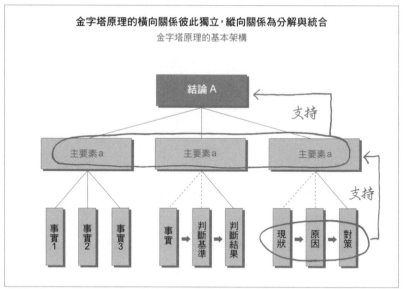

金字塔原理的橫向關係彼此獨立，縱向關係為分解與統合
金字塔原理的基本架構

參考資料：Barbara Minto, *The Minto Pyramid Principle: Logic in Writing, Thinking, & Problem Solving.*

下列三點：主要素a、「A公司商品的成長率在業界平均以上」；主要素b、「我們公司和A公司的銷售區域屬互補關係，重複性少」；主要素c、「我們公司和A公司曾經合作銷售過不同的商品，對彼此的優勢和企業文化有相當的了解」。

金字塔原理是撰寫邏輯性文章的基礎，在製作商業資料時也非常有幫助，請務必記得這個基本架構。

另一個視覺類型⑤的例子是chart 22的專案體制圖。這張圖表是「兒童演藝學院」的專案體制圖，最上層是公司總經理，直接管轄專案執

chart 22　專案體制圖〔視覺類型⑤的案例〕

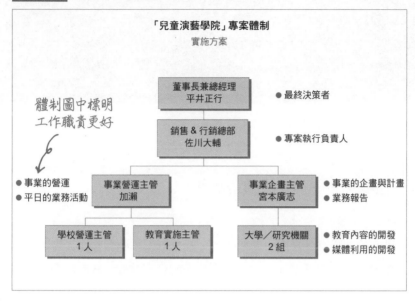

「兒童演藝學院」專案體制
實施方案

體制圖中標明
工作職責更好

董事長兼總經理
平井正行

● 最終決策者

銷售 & 行銷總部
佐川大輔

● 專案執行負責人

● 事業的營運
● 平日的業務活動

事業營運主管
加瀨

事業企畫主管
宮本廣志

● 事業的企畫與計畫
● 業務報告

學校營運主管
1 人

教育實施主管
1 人

大學／研究機關
2 組

● 教育內容的開發
● 媒體利用的開發

行負責人，再往下有事業營運部和事業企畫部。體制圖中如果能標明
每個職務的工作職責，就更有說服力。

　　以上介紹的是結合論法，以視覺類型③、類型④和類型⑤三種圖形
架構來呈現。

邏輯解說因果關係
【連鎖論法】

連鎖論法──結合事實說故事

接著將話題轉移到電子商務吧。一般來說，網站的點閱率增加，流量就會增加；流量增加，就會吸引更多的賣家進駐；賣家越多，商品就越齊全；商品齊全，就會吸引更多的點閱率。像這樣的因果關係，就是連鎖論法。

chart 23 整理了連鎖論法的重點。連鎖論法就是從一個證據推論出結論，並且變成下一個證據；而從這個新的證據推論出的結論，又會再變成下一個證據，經過一連串的推論，最後得出主張。如 chart 23 所示，由事實 a 推論出結論 b，變成事實 b，事實 b 又推論出結論 c，變成事實 c，事實 c 再推論出結論 d，最後連結到主張 D，這就是連鎖論法的基本架構。

我們再看另一個依序建立邏輯的例子。大家都知道，汽車行駛的速度越慢，耗費的燃料就越少；耗費的燃料越少，廢氣的排放量也越少；廢氣的排放量越少，空氣污染就越少。由此例可知，只要降低最高限

chart 23　連鎖論法

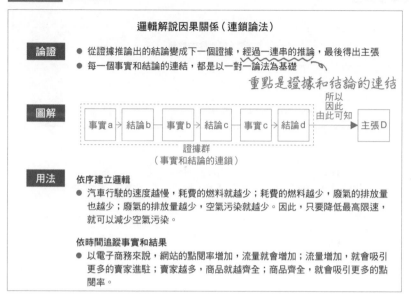

邏輯解說因果關係（連鎖論法）

論證
- 從證據推論出的結論變成下一個證據，經過一連串的推論，最後得出主張
- 每一個事實和結論的連結，都是以一對一論法為基礎

重點是證據和結論的連結

圖解

事實a → 結論b　事實b → 結論c　事實c → 結論d ⟶ 所以 因此 由此可知 → 主張D

證據群
（事實和結論的連鎖）

用法　依序建立邏輯
- 汽車行駛的速度越慢，耗費的燃料就越少；耗費的燃料越少，廢氣的排放量也越少；廢氣的排放量越少，空氣污染就越少。因此，只要降低最高限速，就可以減少空氣污染。

依時間追蹤事實和結果
- 以電子商務來說，網站的點閱率增加，流量就會增加；流量增加，就會吸引更多的賣家進駐；賣家越多，商品就越齊全；商品齊全，就會吸引更多的點閱率。

速，就可以減少空氣污染，這樣的推論方法就是連鎖論法。連鎖論法對應的是視覺類型⑥和類型⑦。

表示工作或時間的順序
〔視覺類型⑥〕

chart 24 以順序 1、順序 2、順序 3 連結數個事實、案例或數據，我們利用視覺類型⑥來表示時間的經過或事物發展的順序。

chart 25 就是連鎖論法搭配視覺類型⑥的例子，依序列出業務工作的流程來說明業務活動。首先決定要拜訪的客戶後，取得連繫，預約見

chart 24 連鎖論法&視覺類型⑥

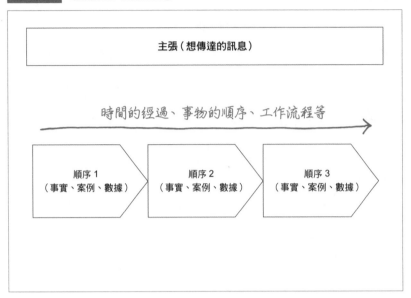

chart 25 以數字呈現顧客來源〔視覺類型⑥的案例〕

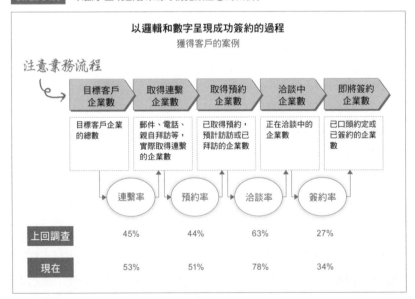

面的時間，經過洽談，才能成功簽約。

　　chart 26 的例子是說明學員在進入兒童演藝學院之後，有哪些演出機會，包括演出的時間和地點。這份資料從學員入學為起點，以時間為序，列出入學後的機會、進級後的機會，以及如何邁向演藝之路。此外，這個例子還依學員的年齡分類為兒童、少年、青少年三組，詳細說明他們有哪些機會可以在媒體上嶄露頭角。

　　連鎖論法對應的視覺類型⑥，基本上就是依工作流程、步驟或時間等，依序排列相關項目。

chart 26 演出機會的發展例子〔視覺類型⑥的案例〕

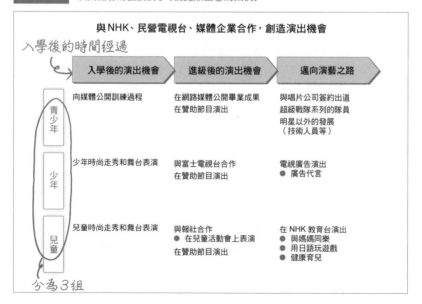

加入路線修正的循環〔視覺類型⑦〕

chart 27 是視覺類型⑦，數個證據沿著一個圓環繞，再回到最初的證據，這也是連鎖論法的表現方式。

chart 28 是加入路線修正的循環例子。要建立一套可行性高的商業模式，必須依序重複「顧客開發」、「顧客實證」、「路線修正」這三個步驟。如果無法順利得到顧客實證，就再修正路線，重新發掘顧客，這是建立成功商業模式的必經過程。

chart 29 是一家經營度假飯店的企業為了吸引亞洲富裕國家的觀光客

---

chart 27　連鎖論法&視覺類型⑦

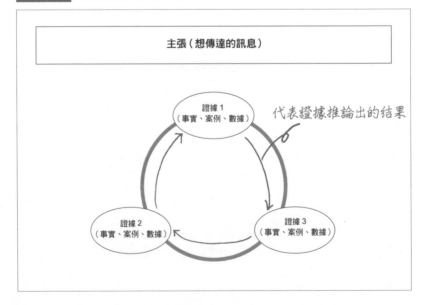

chart 28 加入路線修改的循環〔視覺類型⑦案例〕

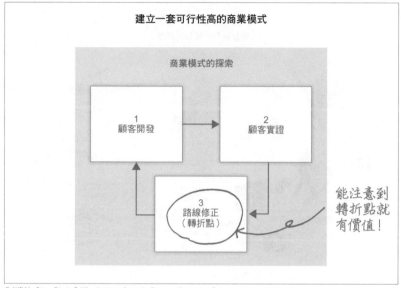

建立一套可行性高的商業模式

商業模式的探索

1
顧客開發

2
顧客實證

3
路線修正
（轉折點）

能注意到
轉折點就
有價值！

參考資料：Steve Blank, " Why the Lean Start-Up Changes Everything," *Harvard Business Review.*

與投資人而企畫的考察團流程，以視覺類型⑦來呈現。

　　這份資料顯示企業應該為顧客提供什麼樣的體驗，從激發他們的興趣開始，計畫旅行，前來日本，抵達飯店，休息片刻之後用餐，接著在當地進行考察，結束後退房，回國之後會和親友分享這次的體驗。這中間完全沒有間斷的體驗，是獲得顧客青睞的重點。

　　在做這類的企畫時，經常只會注意到從飯店入住到退房之間這段時間，精心策畫行程，卻完全忽略了飯店入住前和退房後的體驗。但是在那次的會議上，特別強調從顧客對日本或日本的度假飯店感興趣開始，到回國之後和親友分享在日本的體驗，這整個流程都很重要。

chart 29　設計無間斷的體驗〔視覺類型⑦的案例〕

吸引亞洲富裕客層的10個關鍵
設計無間斷體驗的構想

開發投資
（例如度假飯店）

經驗分享

興趣

計畫旅行

前往日本

回國

飯店登記

飯店退房

考察　用餐　休息

站在顧客的立場思考是關鍵！

　　因此，若要吸引亞洲富裕國家的觀光客或投資人，每一個過程都是成功的關鍵。

　　如上所述，將顧客體驗的每一個要素，利用連鎖論法的視覺類型⑦描繪出來，就能導出想傳達的訊息。

　　連鎖論法就是將數個事實像鎖鏈一樣並排，請務必牢記視覺類型⑥和視覺類型⑦的圖形架構。

column　資料的基本版面設計絕不可動搖

∨ 封面樣本

　　團隊共同作業時，整合資料的版面格式絕對超乎你想像的困難。我在擔任專案負責人時，深刻體會過要整合組員們完成的資料絕非易事。

　　大部分的公司或部門都有統一的商業資料基本版面格式。儘管如此，當一群人組成新的工作團隊，或是有新成員加入團隊時，就有必要重新確認每個人使用的版面格式是否相同。以下說明一份商業資料的基本版面設計要點。

---

chart 30 ｜ 資料封面雛形

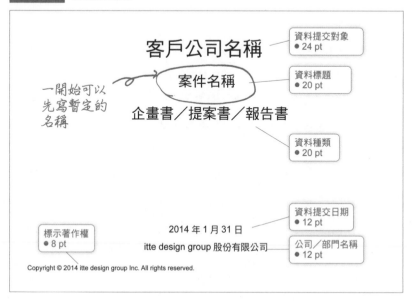

chart 30 是資料封面的樣本，封面的內容大致有以下六項。第一行是資料提交對象，例如客戶的公司名稱或部門名稱等；第二行是資料標題，也就是案件或企畫的名稱，舉例來說，像是「兒童演藝學院的事業計畫」這樣的標題。再下一行記載資料的種類，是企畫書、提案書，還是報告書。

封面的下方記載資料提交日期和完成資料的公司名稱或部門名稱。最後在左下方標示資料的著作權（©），例如 Copyright © 2014 itte design group Inc. All rights reserved.。

文字大小的重要性也不容小覷，會影響封面的整體印象。美觀且容易閱讀的文字大小，客戶名稱大概 24 pt，資料的標題和種類大概 20 pt，資料提交日期、公司名、部門名大概 12 pt，著作權大概 8 pt。

✔ 內文樣本

chart 31 是商業資料的內文樣本，內文應該記載的內容大致有六項。第一行是這頁資料要傳達的訊息，也就是將主張簡潔有力地寫在最上方。接著是說明資料內容的標題，例如「日本名目 GDP 的變化」或「A 公司和 B 公司的腦力激盪法規則」等，說明資料的內容。

資料的中央大半部為本文，記載事實、案例、數據等，占紙張的 80%。本文的左下方記載注解和數據、引用文字的出處等。紙張的左下端記載著作權，右下端標上頁碼。（為了方便閱讀，本書列舉的圖表皆省略注解、出處、頁碼和著作權。）

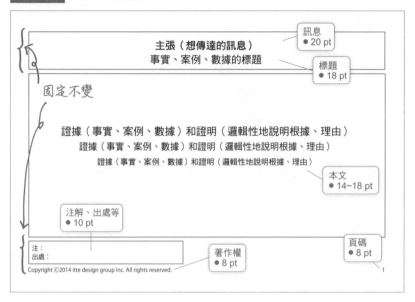

內文的文字大小同樣很重要，訊息最容易閱讀的大小約 20 pt，標題約 18 pt，本文部分約為 14 ～ 18 pt，注解、出處等約 10 pt，著作權和頁碼約 8 pt，這樣的文字大小最適當。

蒐集到的資訊越多，文字量也會跟著膨脹，如果不將文字縮小一點，就放不下一個頁面，但要是縮得太小，也會有礙閱讀。因此，本文的文字大小不得小於 14 pt，放大也不得大於 18 pt。倘若資訊過多，文字設定為 14 pt 也放不下一個頁面時，就應該刪減一部分的內容，而不是將文字縮得更小。將文字大小控制在 14 pt ～ 18 pt 這個理想範圍內，刪減非必要

的資訊，讓內文更簡潔有力。

封面和內文的樣本還有幾個重點。首先，整份資料必須統一字體。我不建議一個頁面混雜多種字體。我用的是蘋果電腦，一向使用 Hiragino KakuGothic 這個字體統一整份資料。

其次，文字也不需要過多的裝飾，加粗、底線、色彩等功能幾乎都用不到。文字的色彩越單純越好，只需要用黑色或灰色即可。圖表偶爾可以用深藍色表示，整份資料最多只會用到兩種顏色。

撰寫資料時，想靠一些裝飾來強調訊息或一些重要的數據，往往會適得其反，使資料變得複雜，不易閱讀。如何不靠裝飾，做出一份清楚好懂的資料，這是商業資料製作的前題。無論如何都想強調的地方，等完成了之後再來考慮是否還需要加上裝飾效果，這樣的程序才是正確的。

∨ 整體版面設計不可錯位

大家都看過手翻書動畫嗎？圖像一點一點地移動，看起來就像是動畫一樣。這如果發生在商業資料上會如何呢？資料交到客戶手中時，客戶也會隨手拿起來翻一翻，如果發現每一頁的訊息或上或下，而且左右位置不定，會造成閱讀的不便。或是隨手翻閱時，每一頁的頁碼位置都有些微的錯位，自然而然目光就會注意到頁碼的地方。

商業資料要傳達的是訊息、主張，以及支持訊息的本文的內容，因此，

整體版面設計應該盡可能固定，不要錯位。訊息的位置、頁碼的位置、著作權的位置等，必須小心謹慎，一釐米的誤差都不可以。

　　儘管如此，我也會想在商業資料中加入手翻書動畫的效果。並不是因為版面錯位而帶來動畫的效果，而是利用插畫，讓對方隨手翻閱的同時，就能得知這份資料所要傳達的訊息。也許下次就可以和客戶討論這樣的資料呈現方式！

第 3 章

視覺手法的背後，有邏輯做後盾
（應用篇）

設計不只是看起來、摸起來像什麼，
設計是如何運作。
Design is not just what it looks like and feels like.
Design is how it works.

——蘋果公司創辦人 賈伯斯

偏好組織論的麥肯錫最大武器
【結合論法×連鎖論法】

麥肯錫的流程圖

　　麥肯錫和 BCG 同為世界知名的顧問公司。我在 BCG 擔任顧問時，有一次和麥肯錫的顧問聊天，我發現兩個重點。

　　第一、麥肯錫非常重視邏輯，他們利用「天空、下雨、雨傘」的架構來訓練邏輯。「仰頭看見天空一片厚厚的雲層，好像要下雨了，要記得帶傘出門」，麥肯錫的每一個顧問都非常熟練這套邏輯邏輯推論法。

　　第二、麥肯錫的顧問都喜歡畫流程圖。看他們的筆記本或說明資料，幾乎都是流程圖。無論是工作流程、工作進行的步驟、事情發生的順序，畫出流程圖，可以讓人留下深刻的印象。

　　這一節說明結合論法 × 連鎖論法的組合，就是一種流程圖，這也是麥肯錫最大的武器。

　　chart 32 簡單整理結合論法 × 連鎖論法的重點。如上一章所述，結

chart 32 結合論法×連鎖論法

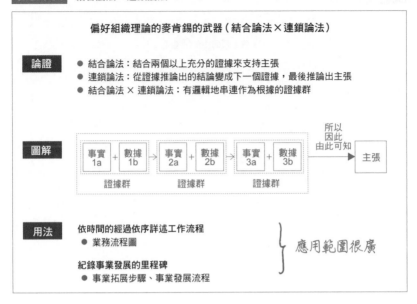

偏好組織理論的麥肯錫的武器（結合論法×連鎖論法）

論證
● 結合論法：結合兩個以上充分的證據來支持主張
● 連鎖論法：從證據推論出的結論變成下一個證據，最後推論出主張
● 結合論法 × 連鎖論法：有邏輯地串連作為根據的證據群

圖解

事實1a ＋ 數據1b → 事實2a ＋ 數據2b → 事實3a ＋ 數據3b → 所以 因此 由此可知 → 主張

證據群　　證據群　　證據群

用法
依時間的經過依序詳述工作流程
● 業務流程圖

紀錄事業發展的里程碑
● 事業拓展步驟、事業發展流程

} 應用範圍很廣

合論法是結合兩個以上充分的證據來支持主張；連鎖論法則是從證據推論出結論，變成下一個證據後，再推論出下一個結論，接著這個結論又變成下一個證據，透過這一串的推論，導出主張。

結合論法 × 連鎖論法的組合，就是隨著時間的經過，依序記錄工作的流程。繪製業務流程圖時經常使用這個方法，另外，也經常運用在事業發展的重要時候，例如拓展事業的進行步驟或事業發展流程等。

結合論法 × 連鎖論法的組合是以視覺類型⑧來表現，如 chart 33，橫軸的順序 1、順序 2、順序 3 呈現的是連鎖論法，縱軸的要素 a、要素 b、要素 c 則是依結合論法分解的內容。橫軸的連鎖論法，搭配縱

chart 33　結合論法×連鎖論法&視覺類型⑧

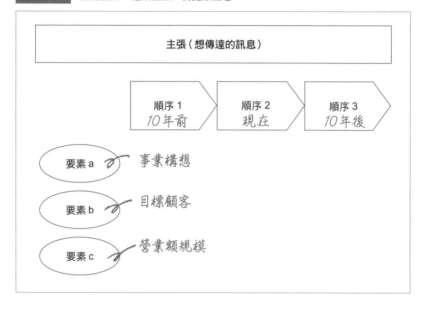

軸的結合論法，用這樣的構想就能完成資料。換句話說，就是將要素 a、要素 b、要素 c 的內容，照順序 1、順序 2、順序 3，依序串連。

如何繪製業務流程圖〔視覺類型⑧〕

chart 34 是業務流程圖的基本畫法，橫軸是業務流程，依時間的經過分為階段 1、階段 2、階段 3 和階段 4。縱軸是各個過程的行動主體，顧客畫在最上一排，然後依序寫上組織中的職責 A、職責 B、職責 C，代表負責部門或負責人員。

chart 34 繪製業務流程圖〔視覺類型⑧的案例〕

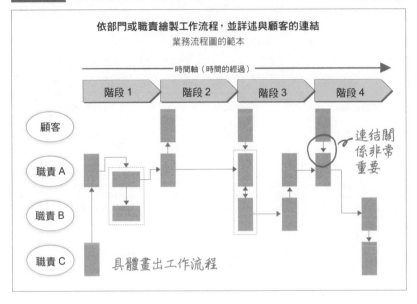

依部門或職責繪製工作流程，並詳述與顧客的連結
業務流程圖的範本

時間軸（時間的經過）

階段 1　階段 2　階段 3　階段 4

顧客

職責 A　　　　　　　　　　　　　　　　連結關係非常重要

職責 B

職責 C　具體畫出工作流程

　　如上述，橫軸依業務流程分類，縱軸依職責分類，再依照工作執行的順序繪製業務流程圖。這在職場上是非常實用的方法，請務必記住這個結合論法 × 連鎖論法的組合。

用一張紙繪製事業拓展計畫表〔視覺類型⑧〕

　　chart 35 的兒童演藝學院事業拓展計畫表，是視覺類型⑧的另一個例子。橫軸的事業展開從準備階段開始，從創校準備，事業開始，先在東京開設分校，接著在其他地區增設分校，最後目標是在海外也開設演藝學院，呈現多方發展的事業構想計畫。

chart 35　事業拓展計畫表〔視覺類型⑧的案例〕

「兒童演藝學院」的事業拓展計畫表

縱軸的三個要素分別記錄在事業拓展的各個階段，目標顧客是誰、要提供什麼樣的課程內容，以及事業目標，也就是營業額要設定為多少。演藝學院的目標顧客一開始設定為主要城市的兒童，之後再拓展到少年和青少年，接著拓展到外縣市的兒童和青少年，最後再往亞洲各國拓展事業版圖。

課程內容也配合事業拓展計畫，一開始只有兒童課程，之後再開設適合青少年的課程。隨著事業版圖的擴大，營業額目標從三千萬日圓擴大到五億日圓，再到十五億日圓。善用結合論法 × 連鎖論法，一頁的資料就能呈現這般大規模的事業拓展計畫。

對立論法——提示兩個對立的見解

日本現在最熱門的話題「贊成修改憲法和反對修改憲法的辯論」，就可以利用對立論法來表現。對立論法的用法如 chart 36 的整理，先

chart 36　對立論法

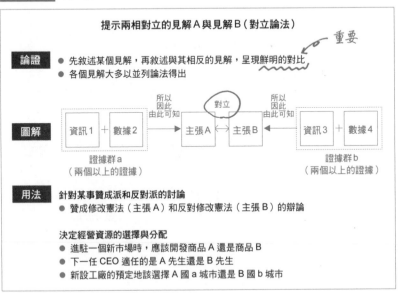

提示兩相對立的見解Ａ與見解Ｂ（對立論法）

| 論證 | ● 先敘述某個見解，再敘述與其相反的見解，呈現鮮明的對比 **重要** |
| | ● 各個見解大多以並列論法得出 |

圖解

資訊1 ＋ 數據2　→（所以 因此 由此可知）→ 主張A ←（對立）→ 主張B ←（所以 因此 由此可知）← 資訊3 ＋ 數據4

證據群a　　　　　　　　　　　　　　　　　證據群b
（兩個以上的證據）　　　　　　　　　　　　（兩個以上的證據）

用法　針對某事贊成派和反對派的討論
● 贊成修改憲法（主張Ａ）和反對修改憲法（主張Ｂ）的辯論

決定經營資源的選擇與分配
● 進駐一個新市場時，應該開發商品Ａ還是商品Ｂ
● 下一任 CEO 適任的是Ａ先生還是Ｂ先生
● 新設工廠的預定地該選擇Ａ國a城市還是Ｂ國b城市

敘述某個見解，再敘述與其相反的見解，讓兩個見解呈現鮮明的對比。圖解部分有用並列論法推論出的主張 A，還有另一個對立的主張 B。除了表現「贊成派和反對派的辯論」之外，在經營管理的領域中，也經常利用這個方法來判斷經營資源的選擇與分配。

例如，因資金和人力有限，進駐一個新市場時，應該開發商品 A 還是商品 B？下一任 CEO 適任的是 A 先生還是 B 先生？新設工廠的預定地該選擇 A 國還是 B 國？諸如此類必須二則一或三則一的情況，就可以利用對立論法。

chart 37 是對立論法對應的視覺類型⑨。見解 A 和見解 B 清楚地對

chart 37 對立論法&視覺類型⑨

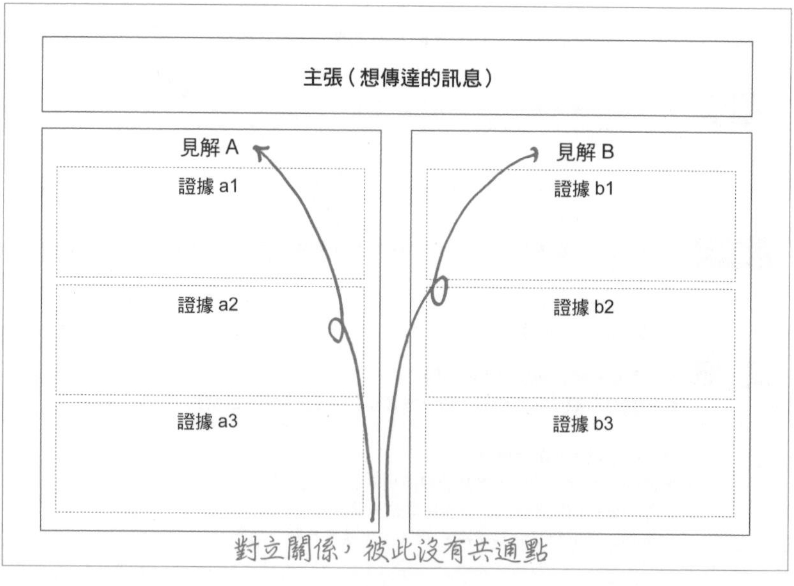

主張（想傳達的訊息）

見解 A | 見解 B

證據 a1 | 證據 b1
證據 a2 | 證據 b2
證據 a3 | 證據 b3

對立關係，彼此沒有共通點

比，兩個見解都有各自的證據支持。見解 A 和見解 B 大多是由並列論
法或結合論法推論出來的論點。

比較兩大對立軸〔視覺類型⑨〕

chart 38 是對立論法對應的視覺類型⑨的典型案例，對比管理學中泰
勒主義的主張與梅奧主義的主張。類似此類的對照比較，就適用對立
論法。

泰勒主義和梅奧主義是近代管理思想的原點，現今的管理學都是由

chart 38 泰勒主義與梅奧主義〔視覺類型⑨的案例〕

定位理論源自泰勒主義，能力主義源自梅奧主義

	Frederick Winslow Taylor（1856 年～1915 年）	George Elton Mayo（1880 年～1949 年）
創始人	Frederick Winslow Taylor（1856 年～1915 年）	George Elton Mayo（1880 年～1949 年）
主義／主張	重視量化分析 ● 企業的經營活動，利用量化分析法和典型計畫法就能獲得解決	重視人與人之間的對話 ● 企業的經營活動應重視人性，質化資訊遠比量化資訊更重要
研究內容	鐵鍬實驗（伯利恆鋼鐵公司） 《科學管理原理》（1911）	紡織廠實驗 霍桑實驗（美國西電公司）
對後世的影響	亨利・福特的福特生產方式 ● 時間、動作分析／標準化、操作手冊化／分工化／作業線	人際關係理論 ● 激勵／領導／諮商／職場意見／小組活動／組織學習
	定位理論	能力理論

參考資料 : Frederick W. Taylor, *The Principles of Scientific Management.*
George E. Mayo, *Hawthorne and the Western Electric Company.*

此發展而來。這兩種思想都是 20 世紀初在工作現場，經過實地考察、分析而來的。但有趣的是，兩個理論的主張卻大不相同。

泰勒主義的創始人泰勒（Frederick Winslow Taylor），他深入工廠，進行作業流程標準化和科學管理方法的研究。他重視量化分析，主張「企業的經營活動，利用量化分析法和典型計畫法就能獲得解決」。泰勒的研究成果日後被運用在福特汽車的生產方式，也就是今日管理學中的定位理論。

另一方面，梅奧主義的創始人梅奧（George Elton Mayo），他在紡織工廠和電機工廠反覆實驗之後，發現職場上人與人之間對話的重要性。因此，他主張「企業的經營活動應重視人性，質化資訊遠比量化資訊更重要」。在職場上如果溝通順暢，對生產效率也會有影響。梅奧的思想是今日管理學中的能力理論，激勵、領導、諮商、職場意見、小組活動、組織學習等都是源自梅奧的主張。

當主題龐大，不容易做整體的比較時，選定幾個對立軸，就可以順利地進行對照比較。

經營者和管理者大不相同
〔視覺類型⑨〕

一家企業最重要的莫過於經營者的人選，看這幾年日本的電機產業，有經營者讓企業陷入泥沼，也有經營者帶領企業起死回生。

chart 39　經營者與管理者的不同〔視覺類型⑨的案例〕

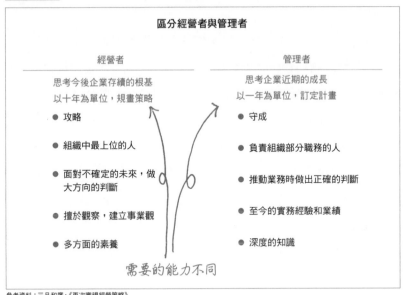

區分經營者與管理者

經營者	管理者
思考今後企業存續的根基 以十年為單位，規畫策略	思考企業近期的成長 以一年為單位，訂定計畫
● 攻略	● 守成
● 組織中最上位的人	● 負責組織部分職務的人
● 面對不確定的未來，做 　大方向的判斷	● 推動業務時做出正確的判斷
● 擅於觀察，建立事業觀	● 至今的實務經驗和業績
● 多方面的素養	● 深度的知識

需要的能力不同

參考資料：三品和廣，《再次審視經營策略》

　　關於經營者的素質有個相當有趣的論點，神戶大學的三品和廣教授針對經營者和管理者的素質進行比較分析。chart 39 依據對立論法的視覺類型⑨對比經營者與管理者的不同。

　　經營者必須思考今後企業存續的根基，以十年為單位規畫企業的長期策略。好的經營者，應該是具有攻略心的組織最上位者，面對不確定的未來，做大方向的判斷。擅於觀察，有事業觀，具各方面的素養。

　　另一方面，管理者必須思考企業近期的成長，以一年為單位訂定企業的短期計畫。管理者的職責應該是守成，在組織的分工制度下負責部分的職務，並且為當下推動的業務做出正確的判斷。因此管理者需

要有實務經驗和業績，在自己的業務領域具有深度的知識。

　　這個討論並不是在探究經營者和管理者哪個比較好，或是誰比較優秀。針對經營者與管理者所要求的素質完全不同，才是比較的重點。chart 39 依視覺類型⑨做出對比資料，就能讓人一目瞭然。

比較數個策略的最佳手法
【比較論法】

比較論法──比較數個選項的好壞

chart 40 整理了比較論法的重點，首先提出兩個見解，分析這兩個見解的共通點和差異點，進行比較。上一節介紹的對立論法是對比兩個

比較論法

比較數個策略選項的最佳方法（比較論法）

論證
- 提出兩個見解，分析這兩個見解的共通點和差異點，進行比較 ← 兩者都必需
- 各個見解大多以並列論法得出
- 各個見解有其相似點和差異點（與對立論法不同）

圖解

資訊1 ＋ 數據2 → 主張A ⇄ 主張B ← 資訊3 ＋ 數據4

所以 因此 由此可知　比較

對比

證據群a（兩個以上的證據）　　證據群b（兩個以上的證據）

用法
比較一件事的數個見解
- 比較數據、策略、目標顧客、替代方案等的共通點和差異點

比較經營實務上的數個選擇
- 新事業的商業模式
- 顧客、產品、通路等行銷選擇

結論對立的見解，而比較論法則是比較兩個見解的共通點和差異點。

在經營實務上，我們經常使用比較論法來說明並比較數個新事業的商業模式，此外，在選擇行銷方式時，也經常用比較論法來比較分析顧客、產品、通路等項目。比較論法對應的視覺類型有兩種，以下分別說明。

比較商業模式〔視覺類型⑩〕

chart 41 是比較論法對應視覺類型⑩的例子，圖中比較見解 A 和見

chart 41 比較論法＆視覺類型⑩

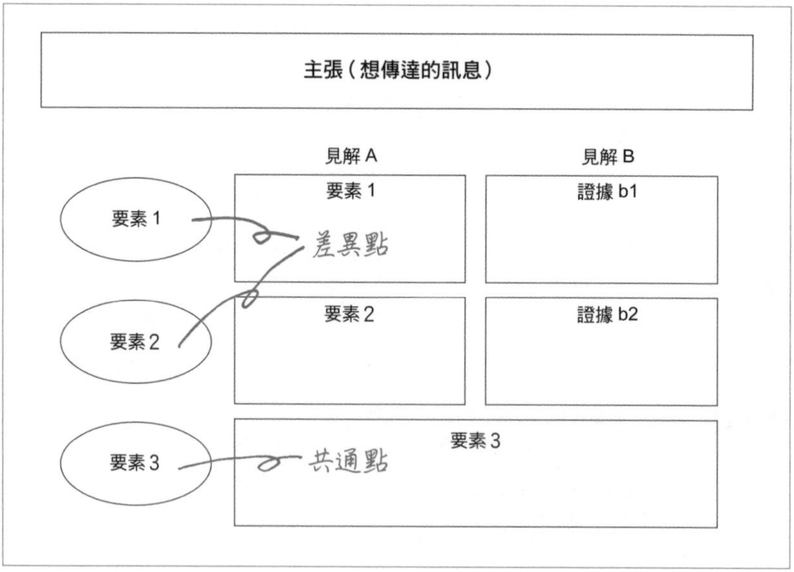

主張（想傳達的訊息）

	見解 A	見解 B
要素 1	要素 1　　差異點	證據 b1
要素 2	要素 2	證據 b2
要素 3	要素 3　共通點	要素 3

解 B，這兩個見解的要素 1 和要素 2 有差異，而要素 3 卻又相同。當兩個見解有共通點和差異點時，就可以利用視覺類型⑩來說明。

讓我們來看看實際的案例，chart 42 比較 IT 服務事業的商業模式。IT 服務事業的週期大約十年，也就是說十年會產生一次變化。在 1980 年代，系統整合事業曾是 IT 企業的主流事業，進入 1990 年代後，開始出現外包的服務型態，如今 IT 服務事業已發展至雲端時代。

chart 42 比較 IT 服務事業的三種商業模式。系統整合的商業模式是由 IT 企業提供研發技術給 B to C 企業，B to C 企業會支付研發費用給 IT 企業，因此系統的所有者為 B to C 企業。

chart 42 比較 IT 服務事業的商業模式〔視覺類型⑩的案例〕

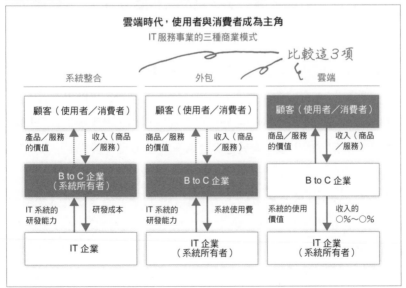

外包模式與系統整合模式有兩點不同，第一、系統的所有者為 IT 企業；第二、IT 企業得到的報酬從研發費用變成了系統使用費。

發展到雲端時代之後，IT 企業提供的服務和收取的報酬都不一樣了。第一、IT 企業提供的價值，變成了 B to C 企業的顧客（使用者／消費者）的使用價值；第二、IT 企業從 B to C 企業得到的報酬，和 B to C 企業從使用者或消費者手中得到的收入有著密切的連動關係，從收入中獲取一定的比率，成為 IT 企業的獲益模式。

至今仍有許多 IT 企業同時提供系統整合模式、外包模式、雲端模式三種服務類型。這三種商業模式的重點各自不同，要比較其異同時，就可以利用比較論法，以視覺類型⑩來呈現。

用文氏圖比較顧客導向論、定位論和能力論〔視覺類型⑪〕

比較論法還有另一種畫法，chart 43 是視覺類型⑪，一般稱為「文氏圖」。與見解 A 有關的證據群 a 寫在見解 A 的圓裡，見解 B 則用另一個圓來表示。兩個圓重疊的部分正是共通的事項，非重疊的部分則表示各個見解獨立的主張，也就是見解 A 與見解 B 的差異點。

來看看 chart 44 的具體實例，圖中畫了三個圓，是一般視覺類型⑪的變形，旨在比較現今管理學的三個關鍵字——定位論、能力論、顧客導向論。

chart 43　比較論法＆視覺類型⑪

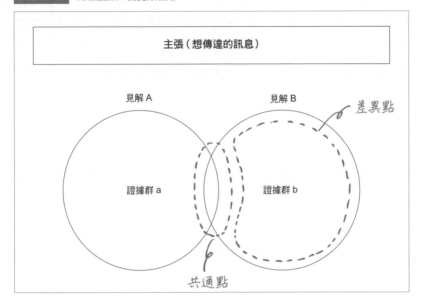

chart 44　顧客導向論、定位論、能力論〔視覺類型⑪的案例〕

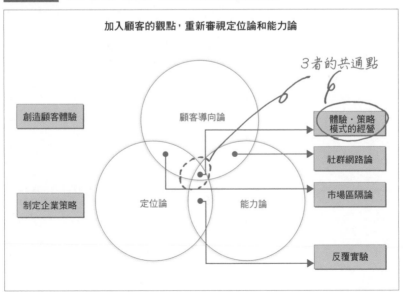

定位論中，最知名的是波特（Michael E. Porter）的「競爭策略」，他從業界結構的觀點，論述一家企業應如何制定策略，以提高競爭優勢。另一方面，能力論中最知名的就屬巴尼（Jay B. Barney）等人主張的「資源基礎理論」，從企業內部資源的觀點論述企業在確立競爭優勢時的策略。

chart 44 的特色是在這兩個代表性的策略理論中加入顧客導向論，從顧客的觀點調整企業策略。三個圓重疊的部分為「體驗・策略模式的經營」。

這份資料說明新的策略制定方法，也就是從顧客體驗來決定企業的策略。像這樣的例子，要比較多個主張時，就可以利用文氏圖。

14 擅長策略定位的BCG矩陣
【對立論法×比較論法】

BCG 矩陣

第 11 節已經介紹過麥肯錫的特色，而 BCG 也有兩個特色，其一是徹底分析數據資料，以證明事實；其二是他們經常利用矩陣分析。BCG 的顧問們擅長以 2×2 的矩陣來為事物做分類、整理。

chart 45 說明對立論法 × 比較論法的重點。如前所述，對立論法是清楚地對比數個見解，而比較論法則是比較有共通點和差異點的數個見解。我們可以結合這兩種論法，將對立的見解和有共通點、差異點的見解放一起，推論出更深刻的涵義。

舉例來說，BCG 常用的產品組合管理法（統稱 BCG 矩陣）就是典型的例子。此外，安德魯（Kenneth R. Andrews）開發的 SWOT 分析，分析事業的優勢、劣勢、機會、威脅，也是依據同樣的邏輯。

chart 45　對立論法×比較論法

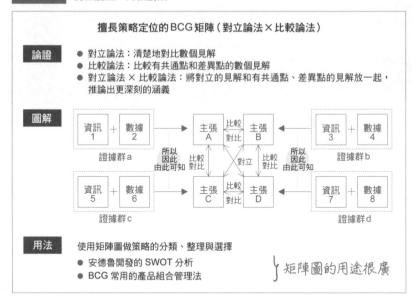

擅長策略定位的BCG矩陣（對立論法×比較論法）

論證
- 對立論法：清楚地對比數個見解
- 比較論法：比較有共通點和差異點的數個見解
- 對立論法 × 比較論法：將對立的見解和有共通點、差異點的見解放一起，推論出更深刻的涵義

圖解

資訊1　＋　數據2　→　主張A　比較對比　主張B　←　資訊3　＋　數據4

證據群a　　所以因此由此可知　比較對比　對立　比較對比　所以因此由此可知　證據群b

資訊5　＋　數據6　→　主張C　比較對比　主張D　←　資訊7　＋　數據8

證據群c　　　　　　　　　　　　　　　　　　　　　證據群d

用法　使用矩陣圖做策略的分類、整理與選擇
- 安德魯開發的SWOT分析
- BCG常用的產品組合管理法

矩陣圖的用途很廣

以創新矩陣分類產品〔視覺類型⑫〕

　　chart 46 是對立論法 × 比較論法對應的視覺類型⑫，通常是以橫軸和縱軸來分類要素，畫出矩陣，就像是一個「田」字，因此也稱為「田字型矩陣」。

　　chart 47 的創新矩陣是視覺類型⑫的典型例子。橫軸將顧客分為既有顧客和新顧客，縱軸將商品分為既有商品和新商品。左下角是對既有顧客提供既有商品，例如汽車推出新款式等漸進型改良的商品；左上角是對既有顧客提供新商品，也就是進化型擴張的商品；右下角是對新顧客提供既有商品，屬進化型適應的商品；右上角則是最創新型的

chart 46　對立論法×比較論法&視覺類型⑫

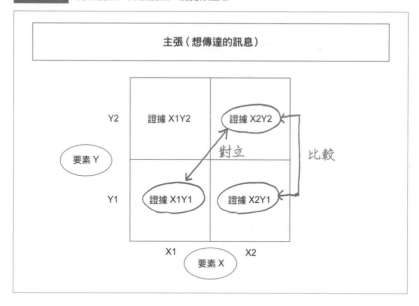

chart 47　創新矩陣〔視覺類型⑫的案例〕

參考資料：Tim Brown, *Change by Design: How Design Thinking Transforms Organizations and Inspires Innovation*.

範圍，對新顧客提供新商品，屬創新型開發。

　　利用顧客軸和商品軸切割成四個範圍，就是矩陣法的重點。左下角的漸進型改良商品和右上角的創新型開發商品彼此對立，無論是顧客軸還是商品軸都沒有共通點，可以用對立論法來說明。同樣地，左上角的進化型擴張商品和右下角的進化型適應商品也適用對立論法。

　　另一方面，在既有商品的範圍，提供給既有顧客的是漸進型改良商品，而提供給新顧客的是進化型適應的商品，這就相當於比較論法；同樣地，左上角的進化型擴張商品和右上角的創新型開發商品也適用比較論法。

　　因此，設定橫軸和縱軸，畫出的矩陣圖裡，就隱藏著對立論法和比較論法的觀點。

　　舉例來說，蘋果公司開發的「iPod」就是創新型開發的成功案例，構思新商品，進而發掘新顧客。利用 iPod，人們可以自由攜帶自己的音樂資料庫到任何地方，此後不只可以在家享受音樂，外出時也能聽音樂，開發出新的顧客族群。

　　進化型擴張商品的豐田「PRIUS」也是個成功案例，開發油電混合動力車這項新商品，可以促使原本駕駛汽油車或柴油車的顧客換購新型汽車。

　　此外，右下角進化型適應商品的塔塔汽車「NANO」，則難以判斷

是不是成功的例子。塔塔汽車的目標崇高，利用既有的汽車開發技術，控制成本，低價銷售，讓原本買不起汽車的人也能擁有自己的車子。但前幾年，塔塔集團的前總裁塔塔（Ratan Tata）說：「NANO 的售價雖然只有大約十萬盧比，但屢次發生汽車自燃事故，重挫 NANO 的形象，變成只有中下階級才會買的劣等車，這個全球最便宜的策略宣告失敗。」因此，塔塔汽車重新審視 NANO 的策略，將目標顧客設定為大城市的年輕族群，發表了價格大約二十四萬盧比的新款汽車。

對比進化型擴張商品——豐田 PRIUS，以既有商品技術開發新顧客的 NANO 失敗案例，就能顯現出深刻的涵義。

利用對立論法 × 比較論法，畫出視覺類型⑫的矩陣圖，能夠帶來更深入的討論，可以逐一解說這四種類型，也可以選擇其中兩項做對照比較。這四個領域也可以用來判斷經營資源的選擇與分配。此外，我們也可以利用這樣的矩陣圖，左下角代表現狀，判斷接下來要往上、往右或往右上方發展。

第 4 章

邏輯的強大說服力，
是人類的最高智慧

這是我的一小步，卻是人類的一大步。
Thats one small step for a man, one giant leap for mankind.

——太空人 阿姆斯壯

證據、主張和證明，三者的關係密不可分

> 事實是○○，因此◇◇，因為△△

商場上需要的論證架構其實很簡單，只有「事實是○○」、「因此

chart 48 邏輯的構成要素

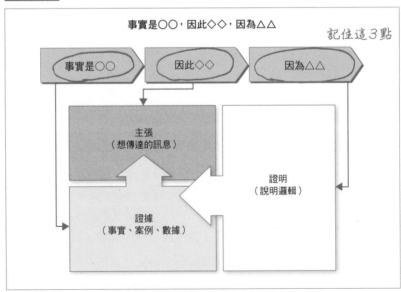

邏輯的構成要素

如果是大家都知道的狀況，可以省略「證明」的部分，但腦中必須清楚「因為△△」。
參考資料：Stephen E. Toulim, *The Uses of Argument*.

◇◇」、「因為△△」這三點。

論證架構是人類的最高智慧。出生於英國的現代哲學家圖爾明（Stephen Edelston Toulmin）分析社會上辯論、演講、說服等各種議論的形式，提出一套邏輯推論方法，就稱為「圖爾明模型」。

用一個簡單的圖表來說明「圖爾明模型」，就是 chart 48，包含證據、主張、證明三個要素。「事實是○○」是證據，「因此◇◇」是主張，而「因為△△」就相當是證明。沒錯，這個圖表就是本書一開頭提及的「資料製作藍圖」中的邏輯步驟。

chart 13 腦力激盪法的規則〔視覺類型②案例〕（再刊）

利用腦力激盪法激發創意也有規則
P&G 和 IDEO 的腦力激盪法規則

主張

P&G 的規則	IDEO 的規則
1. 設定會議引導者	1. 不急於下判斷
2. 準備一個好主題	2. 大量產出創意
3. 放輕鬆	3. 輪流發言
4. 領導者要服從	4. 利用視覺呈現
5. 每個人都要有貢獻	5. 下標題
6. 記錄下所有點子	6. 發展別人的創意
7. 事先思考下一步要怎麼做	7. 不離題
8. 善用小道具	8. 重視天馬行空的點子
9. 跳脫框架	
10. 服從規則	

兩個證據

參考資料：A. G. Lafley and Ram Charan, *The Game-Changer: How You Can Drive Revenue and Profit Growth with Innovation*. Tom Kelley and Jonathan Littman, *The Art of Innovation: Lessons in Creativity from IDEO, America's Leading Design Firm*.

讓我們回想第 2 章的 chart 13，P&G 和 IDEO 都有各自的腦力激盪法規則（兩個證據），因此，為了有效運用腦力激盪法，每家公司都必須制定一套符合自家公司的規則（主張），因為，P&G 和 IDEO 都是遵循自己獨創的規則，充分運用腦力激盪法而成功的企業（證明）。這就是邏輯推論。

有時候我們會省略「證明」的部分，例如第 2 章第 7 節提到的「紅燈亮了，所以禁止通行」的例子，因為「紅燈停，綠燈行」大家都知道的社會規則，一般會省略。儘管如此，腦中必須清楚原因是「因為△△」。

‖ 探究邏輯的三個問句

思考邏輯時，亦或是確認邏輯的正確性時，可以用以下三個問句：

（1）要傳達的結論是什麼？
（2）支持結論的根據是什麼？
（3）這項根據能否合理推論出結論？

這三個問句能讓你明白主張、證據、證明是否明確。在撰寫商業資料時，請問問自己這三個問題。邏輯的構成要素就在這三個問題中，可以知道由證據推論出的主張符合不符邏輯。

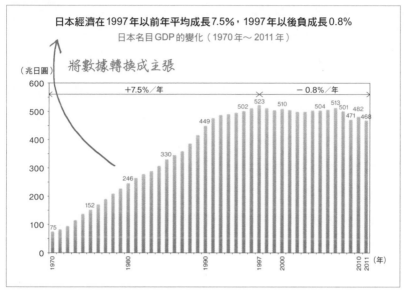

chart 10 日本的GDP變化〔視覺類型①的案例〕（再刊）

日本經濟在1997年以前年平均成長7.5%，1997年以後負成長0.8%

日本名目GDP的變化（1970年～2011年）

（兆日圓）

將數據轉換成主張

+7.5％／年 　　　　　－0.8%／年

600

502　523　510　504　513　501　482　468
500　　　　　　　　　　　　　　　　471
449

400

330

300
246

200
152

100
75

0

1970　1980　1990　1997　2000　2010 2011（年）

根據 United Nations Statistics Division 的 GDP 資料計算年平均成長率。

　　再看看第2章的 chart 10，這個柱狀圖的證據是1970年至2011年的日本名目 GDP 數據；主張是日本經濟在1997年以前年平均成長7.5％，1997年以後負成長0.8％；支持這個主張的證明是依據1970年～1997年名目 GDP 數據計算出的年平均成長率為正7.5％，而依1997年～2011年的數據計算出的年平均成長率為負0.8％。

　　只要備齊了證據、主張、證明三點，就能完成一頁完整的商業資料。各位在撰寫商業資料時，請務必確認「事實是○○」（證據）、「因此◇◇」（主張）、「因為△△」（證明）這三點是否齊全。

找到獨一無二的證據

在商場上，為了推論出有意義的主張，我們非常重視證據和主張的獨創性。然而，鮮少有人能提出任何人都沒掌握到的數據，也很少有人能主張誰都沒說過的訊息。如果證據和主張都夠新穎，相信不會有任何人有異議，但遺憾的是，這樣的例子少之又少，因此，獨一無二的證據和主張的平衡就是關鍵。

其他人尚未掌握到的最新數據就是非常好的證據，有了最新數據就容易推論出獨一無二的主張。反之，證據如果是大家都知道的數據，

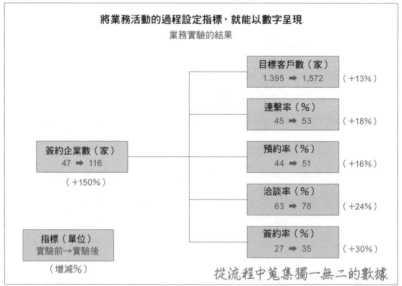

chart 19 業務成果的分解與實驗〔視覺類型④的案例〕（再刊）

將業務活動的過程設定指標，就能以數字呈現
業務實驗的結果

目標客戶數（家）
1,395 ➡ 1,572 （+13%）

連繫率（%）
45 ➡ 53 （+18%）

簽約企業數（家）
47 ➡ 116
（+150%）

預約率（%）
44 ➡ 51 （+16%）

洽談率（%）
63 ➡ 78 （+24%）

指標（單位）
實驗前→實驗後
（增減%）

簽約率（%）
27 ➡ 35 （+30%）

從流程中蒐集獨一無二的數據

就必須下點工夫，換個切入角度，或是改變時間序列重新審視。就算是任何人都能取得的數據，只要經過拆解、重組，就有可能變成獨一無二的主張。

例如第 2 章的 chart 19 是分析一家公司業務活動進行過程的案例，將過程設定連繫率、預約率、洽談率、簽約率等指標，算出數值。接著進行實驗，再測量實驗後每個指標的數值。這家公司從沒有計算過這些數值，是新鮮且具獨創性的數據，因此，根據這個數據推論出的主張就相當有說服力。只要測量業務活動過程中的每個數值，就能掌握提高業績的方法。

想要傳達獨創性高的訊息（主張），關鍵在於你提出的證據夠不夠新鮮，或是將證據經過拆解、重組，重新詮釋的的角度夠不夠新穎。務必牢記這個技巧。

忙碌的決策者只看主張

看資料的主張，就能看出故事

既然從事企業經營相關工作，勢必有機會與各方高手見面。有位企業家他閱讀資料的速度令人驚嘆。文書處理軟體做成的 A4 橫式資料，他一分鐘內就能讀完十頁，也就是說，平均一頁他只花了六秒。這樣的速度，與其說是閱讀，其實只是瀏覽罷了。

六秒之間，這位高手先看了資料標題的訊息，接著確認資料標題和內容是否一致，再隨手翻閱幾頁資料，思考整體資料的結構和組成。總而言之，他先確認資料標題的訊息，再關注整體資料想要傳達什麼樣的內容。

大部分忙碌的決策者都和這位高手一樣重視資料的標題，甚至可以說，他們只看標題的訊息。因此，在撰寫商業資料時，如何下一個有說服力的訊息標題極為重要。此外，從第一頁資料到第二頁資料，再從第二頁資料到第三頁資料，每一頁的標題都必須要有連貫性。最理

想的資料，是看標題就能看出整體的故事內容。

亞馬遜的成功故事

　　貝佐斯（Jeff Bezos）創辦的亞馬遜書城是著名的成功案例。chart 49 整理了亞馬遜的成功故事。光看這份資料的標題，馬上就能抓住亞馬遜成功的原因，「平價供應」、「貨色齊全」是亞馬遜讓顧客享有獨特購物體驗的兩大支柱。

　　由於亞馬遜提供顧客特別的購物經驗，因此網站的點閱率逐年增加，

chart 49　串連主張，就是故事

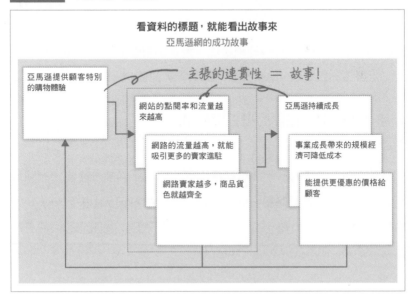

流量也越來越高；網路的流量越高，就越能吸引更多的賣家進駐；賣家越多，商品貨色就越齊全。不斷循環之下，亞馬遜的事業持續成長、擴大。事業成長帶來的規模經濟可望降低成本，就能提供更優惠的價格給顧客。商品貨色齊全，而且以平價供應，亞馬遜就能為顧客創造更獨特的購物體驗。

標題的訊息就說明了亞馬遜網路的成功故事。針對每一個訊息，一一提供證據，就能順利完成每一頁資料。完成的資料當然是看標題就懂，也是一份有故事性的資料。

最近亞馬遜似乎又增加一項獨特的購物體驗。隨著事業的成長，亞馬遜的資本越來越雄厚，他們增設自己的物流倉庫，從自己的物流倉庫就可以迅速將商品送到顧客的手中。「當天送達」或「隔日送達」可說是亞馬遜提供的第三個獨特購物體驗。

補充說明，chart 49 是以連鎖論法（視覺類型⑦）整理而成的。

善用 5W1H，把你的主張變故事

大家都聽過古老的童話故事《桃太郎》吧。「從前，從前，在某個地方，住著一個老爺爺和一個老奶奶，老爺爺每天上山去砍柴，老奶奶每天到河邊洗衣服……」這麼短短的一段話裡就出現了四個 W──When、Where、Who、What。

「從前，從前」相當於 When，而「在某個地方」是 Where，「老爺爺和老奶奶」就是 Who，「砍柴和洗衣服」則是 What。此外，我們也可以用 5W1H 說桃太郎的故事。

　「從桃子蹦出來的桃太郎在十五歲那年，划船划了好多年總算抵達鬼島，為了打倒四處作亂搶奪寶物的小鬼們，桃太郎帶了小狗、猴子、雉雞等隨從一起出門。」這幾行字裡就已經包含了 5W1H。

　在商場上也能利用 5W1H 說故事。chart 50 是一家 IT 企業的顧問團隊針對自己的工作和發展性，簡潔地整理出圖表。

　When —— 2010 年開始為期五年的經營改革期，Where ——從集團

chart 50　利用 5W1H 連結主張的案例

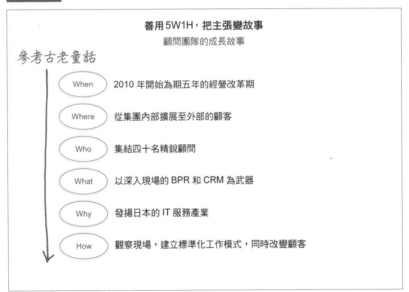

善用 5W1H，把主張變故事
顧問團隊的成長故事

參考古老童話

When　2010 年開始為期五年的經營改革期

Where　從集團內部擴展至外部的顧客

Who　集結四十名精銳顧問

What　以深入現場的 BPR 和 CRM 為武器

Why　發揚日本的 IT 服務產業

How　觀察現場，建立標準化工作模式，同時改變顧客

內部擴展至外部的顧客，Who ——集結四十名精銳顧問，What ——以深入現場的BPR（企業流程再造）和CRM（顧客關係管理）為武器，Why ——為了發揚日本的IT服務產業，How ——觀察現場，建立標準化工作模式，同時協助顧客進行改革，這就是顧問團隊的成長故事。

要在最短的時間內，向企業家或所有大忙人說明一件事情時，只要像這樣傳達一個簡潔有力的故事就足夠了。隨後再附上證據，證明這5W1H的訊息，就算完成了一份完整的資料。接著就等客戶有時間時，依照這份資料進行簡報。

補充說明，chart 50 是運用結合論法（視覺類型③）的例子。

17 資料的整體和部分，都要有邏輯

資料的整體和部分

　　每一頁商業資料，除了整體必須具備邏輯架構，資料中的每一個部分也都支撐著整體。無論是部分或整體，都要有邏輯。整體有證據、主張、證明，同樣地，資料中的每一個部分也都有證據、主張、證明。

　　chart 51 以圖解方式說明結合論法 × 連鎖論法，資料中的訊息可分為三個層次。最主要的訊息為最上方的標題；第二層訊息是寫在最下方的主張 1、主張 2、主張 3；對應順序和要素的每一個部分也是一個訊息。

　　重點是，這三層的主張，都有其證據和證明，資料中的每一個部分都不能草率。每一個部分都有其主張，而每個主張都有證據，這個證據也足以證明主張，如此一來，資料的邏輯架構才能夠成立。

　　對應順序 1 和要素 a 的主張 1a 有證據，也足以證明，才得以推論出

chart 51 資料的部分與整體邏輯

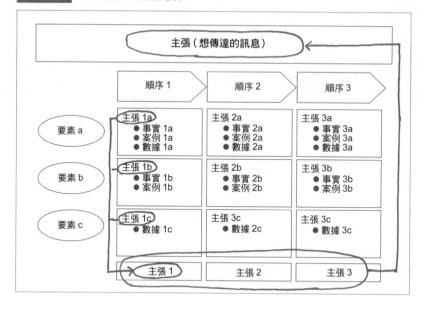

主張。順序 1 最下排的主張 1 也有同樣的邏輯架構。當然，資料最上方的主張也有證據和證明做後盾。

　　因此，在撰寫商業資料時，不只要注意整體的架構，更要留意每一個部分的內容。每一個部分有其主張，這些小主張結合起來，就是一個大的主張。

　　chart 51 是以圖解說明結合論法 × 連鎖論法的架構，其他論法當然也都一樣，整體和每一個部分的主張都是層層相關。

chart 52 報告總結

報告總結 ＝ 資料的整合

貴公司目前以銷售 CD 和 DVD 等過去的音樂紀錄為主，形象傳統。由於個人配備和雲端服務的出現，人們對於享受音樂的定義早已改變。以現今的趨勢來看，現場演出才是主要的收益來源，CD 和 DVD 已被定位為促銷工具。然而，遺憾的是，貴公未能跟上時代的潮流，取得現今音樂市場的領導地位。

我們提出「兒童演藝學院」的新事業構想，意圖讓貴公司重回音樂界的領導地位。利用既有的音樂記錄，發掘並培育有演藝天分的新人。不僅可以確保現場演出的收入，也可以擁有公司旗下專屬的童星。一方面幫助想成為明日之星的兒童實現夢想，一方面發展貴公司的新事業。

事業剛起步時，第一年需要 3,000 萬日圓的資金，至第二年累積投資總額約 1.9 億日圓。到了第三年可轉虧為盈，僅旗艦校東京分校的平均年收益預計有 8,000 萬日圓。

這項事業將由貴公司佐川大輔先生執行，全權負責，亦已建立一套完整的事業體制。喚起貴公司創辦以來的拓荒者精神，在貴公司品牌價值尚未被定位前，現在正是貴公司領導新事業的好時機。

報告總結就是資料的整合

chart 52 是兒童演藝學院新事業的報告總結，也就是資料的整合，列出希望決策者能夠記住的一些訊息。

舉這個例子是想強調，在報告總結中，也要有證據、主張和證明這三點。

這份報告總結的主張是「將兒童演藝學院的構想變成事業」；訴求是「從兒童時期開始發掘並培育有演藝天分的新人，這項事業未來的發展性極高，請投資並發展這項事業」；由以下四點訊息來說明我們

的主張。

　　第一、「目前以銷售過去的音樂紀錄為主要事業，將無法因應音樂市場的改變，取得領導地位」；第二、「以兒童演藝學院重新定義公司」；第三、「投資總額約一‧九億日圓，一所分校的平均年收益預計有八十萬日圓」；第四、「我們將全心全力促成這項事業」。

　　再仔細分析，光是第一個訊息、「目前以銷售過去音樂紀錄為主要事業，將無法因應音樂市場的改變，取得領導地位」就有四個證據做後盾。第一個證據「銷售過去的音樂紀錄是傳統事業」；第二個證據「人們享受音樂的方式越來越多樣化」；第三個證據「現場演出比銷售 CD 或 DVD 收益更高」；第四個證據「公司無法跟上現今音樂市場的變化」。

　　第二個訊息「以兒童演藝學院重新定義公司」」也有三個證據做後盾，「可以利用既有的音樂記錄」、「可以擁有公司旗下專屬的童星」；第三個證據「培育明日之星，未來可以從現場演出獲得高收益」。

　　儘管只是一頁的報告總結，也要有牢不可破的邏輯。如資料製作藍圖中的邏輯步驟，證據、主張、證明缺一不可。一層一層地展開主張，將想傳達給決策者的訊息有邏輯性且具說服力地層層說明。

在美國，從小學四年級就開始學習寫作技巧，以表達自己的意見，說服對方。美國學校採用「五段式寫作」，這也是大學入學考試要求的基本能力，從小學四年級到高中畢業，經過九年的長期訓練。

「五段式寫作」的文章結構為序論、本文1、本文2、本文3、結論。每一段的內容都是說服對方的小文章。沒有明確的主張就寫不出好文章，本文1、本文2、本文3則是依重要程度，論述支持主張的證據和理由。在我的記憶中，我們從小學到高中的教育都不曾教導過這樣的邏輯寫作技巧，只教導要起承轉合，重視文章的形式，卻不重視邏輯展開。

所謂的邏輯，就是有規則地連結所有的思考，也就是事物的道理。有邏輯，我們才能和別人分享自己的意見，說服對方。必須用對方也明白的道理說明，才能讓對方了解。在美國就是以「五段式寫作」訓練邏輯思考。

在邏輯步驟中，我們強調邏輯的重要性，也就是書中已經介紹過的「事實是○○」（證據）、「因此◇◇」（主張）、「因為△△」（證明）三點。如果說邏輯是一張桌子，沒了這三隻桌腳，桌子就不會穩固，為了使桌子穩穩站著，證據、主張、證明這三隻桌腳缺一不可。證據、主張和證明可說是三位一體。

我們常會見到證據一大堆，卻不知道想表達什麼的資料。

「我們調查了A公司的事業計畫、B公司的事業計畫、C公司的事業計

畫。」（證據充足）

「所以呢？」（所以我們公司的事業應該如何規畫呢？）

「……」（還不清楚）

這個例子是只有證據而已，沒有主張，也沒有證明，非常可惜。沒有自己的主張，是一般人欠缺邏輯思考的理由之一。

另一種情況是主張不明確，彼此矛盾的兩個意見同時存在。

「根據○○和○○，可以說贊成日本修憲，也可以說反對日本修憲。」

「那你的意見是什麼？」

「又贊成，又反對。」（同時提出兩個主張，其實就是沒有自己的主張）

「到底是贊成還是反對？」

這個例子沒有明確的立場，也沒有表達出自己的意見，這也是一般人的通病。

邏輯無法同時證明兩個互相矛盾的意見（應該說極其困難而且複雜）。如果主張「贊成日本修憲」，並提出證據和證明（資料1），接著主張「反對日本修憲」，再準備其他證據和證明（資料2），就應該將兩個主張寫成兩份資料，這樣才正確。

如果邏輯不完備，就無法和對方溝通，當然也無法引起對方的興趣，更不可能說服對方。沒有建立起證據、主張、證明三位一體的關係，便無法

言及資料的內容，對話只能停留在入口。

　　如果我們懂得以邏輯思考，自然而然就會有自己的意見。因此，我們要在一頁的資料中表明立場，不容許出現彼此矛盾或曖昧不明的意見。接著在本文中，提出適當的證據和明確的證明，來支持自己的意見。透過一次又一次的訓練，才有機會突破對話的入口，和對方討論資料的內容。

　　邏輯思考能力是可以訓練的，在撰寫資料的過程中，反覆練習「事實是○○」（證據）、「因此◇◇」（主張）、「因為△△」（證明）的論述方式。如此一來，我們的邏輯能力就會增強，資料的品質也會提升，再透過與對方的深入溝通，贏得對方的認同。我們也能培養出不輸美國人的邏輯思考能力。

第 5 章

完成資料有三階段：
筆記→草稿→編輯

天才是1%的天分，加上99%的努力。
Genius is one percent inspiration, 99 percent perspiration.

——發明家 愛迪生

我的筆記、草稿、編輯例子

空閒時在咖啡廳做筆記

接下來介紹完成資料的程序。撰寫資料時，應該按照筆記→草稿→編輯的程序來進行。在準備向客戶簡報的資料之前，必須先經過「筆記」和「草稿」的階段。

chart 53、chart 54，以及第 1 章的 chart 1（p. 14）各自代表筆記、草稿和編輯的例子。透過這幾張圖可以明白我是如何一步一步完成本書的核心概念──「資料製作藍圖」。

chart 53 是我在 2013 年 1 月，在咖啡廳裡喝咖啡時，隨手拿起夾在書裡的書籤寫下的筆記。我當時正在思考該如何向客戶說明提案書、報告書和企畫書的寫法，想到可以從 Why、How、What 這三點切入，就隨手寫了下來。

Why 表示目的，「為什麼要做這份資料？」How 是探討資料的寫法和形式，「如何寫這份資料？」What 為內容相關的問題，「應該在

chart 53 筆記的例子

構思「資料製作藍圖」的筆記

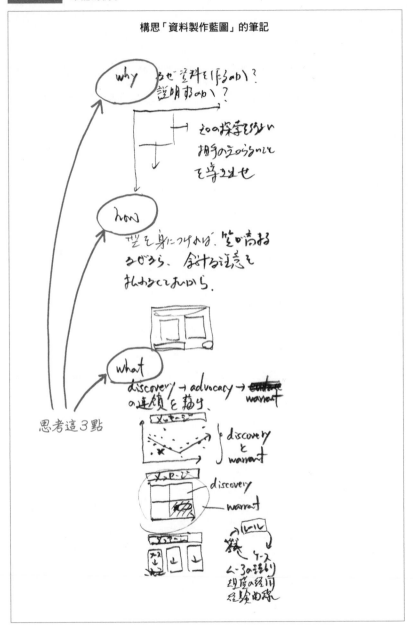

思考這3點

資料中加入什麼？」我認為只要有這三個要素，就能向客戶說明商業資料的製作方法。

當時還沒有具體的內容，我只是將腦中浮現的想法記下來而已。筆記就是像這樣，在輕鬆的氛圍中，不疾不徐地記下腦中想到的事情，或是畫出腦中浮現的想像。

‖ 隨手在紙上寫草稿

chart 54 是我在 2013 年 3 月左右寫下的草稿，在這個階段還是手寫，不需要用到電腦。自己一個人或少數幾個人時，可以拿起筆在紙上寫草稿，人數比較多時通常就需要用到白板。

在這個階段我突然想到「資料製作藍圖」這個名詞，並將這套資料製作術分為四個主要部分：「溝通」、「視覺」、「邏輯」、「產出」。思考這四者的關係，以函數表示就是：

產出＝f（溝通、視覺、邏輯）

在筆記階段，我從 Why、How、What 這三點切入；到了草稿階段，這三點就發展成溝通、視覺、邏輯這三個要件，結合這三個要件，自然而然就可以完成商業資料。

這樣內容就漸漸地具體成形了。

在溝通方面，為了讓客戶了解資料的內容，對話非常重要。在對話的過程中，我們可以了解客戶的需求，客戶也可以更改他們的期待。透過這樣一而再、再而三的對話，我們會越來越清楚要如何完成資料。

在視覺方面，我思考一份好的商業資料有什麼樣的架構和形式。記住這些架構，套用形式，就可以快速、有效地完成資料。

在邏輯方面，我想到 evidence、claim 和 warrant 這三個關鍵字，意思就是證據、主張和證明。

我和編輯團隊一邊討論，一邊完成這張「資料製作藍圖」的草稿。當然，這張草稿並非一次就完成，而是經過多次的討論、修改，才確定下來。我手中還留著大約五張當時一邊討論一邊寫下的草稿呢。

電腦的正式編輯留待最後

第 1 章 chart 1 的「資料製作藍圖」就是正式編輯的例子，由「視覺」、「邏輯」、「產出」、「溝通」四個步驟組成。

在草稿的階段，產出的部分還只是寫著「Output ＝ f（Why、How、What）」，組合筆記的內容而已；但是到了編輯的階段，就明確記載了筆記、草稿、編輯三道產出程序，說明完成資料的步驟。此外，在視覺的部分也提出十二種類型；在邏輯的部分，則以圖示說明證據、主張和證明之間的關係；在溝通的部分，則聚焦在與顧客產生共識，

chart 54　草稿的例子

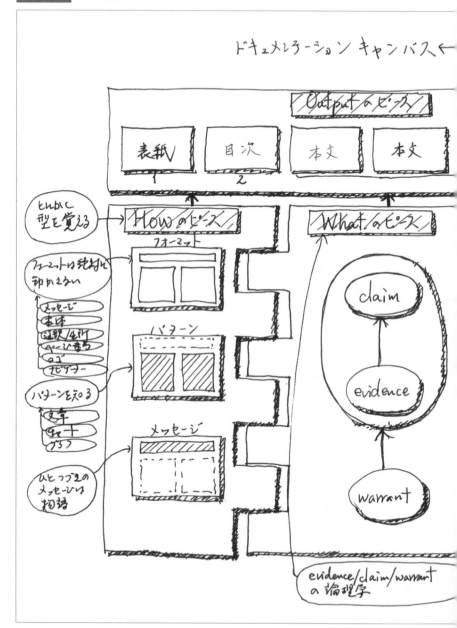

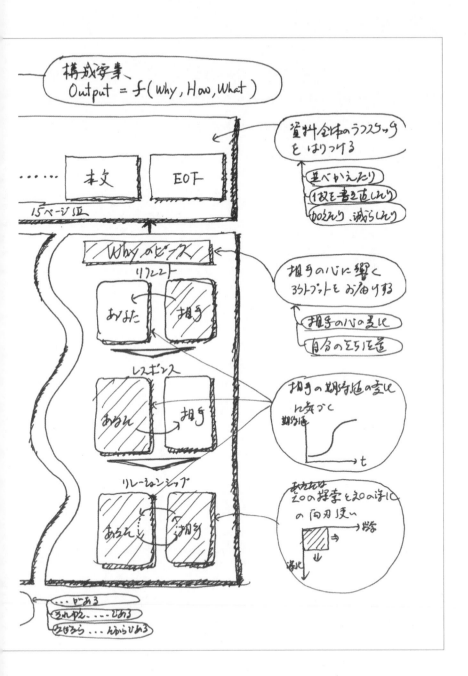

也表現出時間的經過。

　電腦的正式編輯留到最後才做，我大約是在 2013 年 9 月才開始用電腦的文書處理軟體完成這份「資料製作全覽」。在正式編輯之前，會先經過手寫的筆記、草稿等步驟。撰寫商業資料也一樣，也必須經過這三道程序，一步一步完成資料。

決定要製作資料時，就先做好資料的雛形

先做好空白檔案

當你決定要製作提案書、報告書或企畫書時，就先做好資料的雛形。舉例來說，你打算利用文書處理軟體製作提案書，向客戶說明，這時，先想像這份資料完成時的外觀，也就是用電腦文書處理軟體編輯好的資料。

接下來就打開電腦，開啟文書處理軟體的資料樣本檔案。我在第2章末的專欄和 chart 30、chart 31 已經說明過資料封面和內文的樣本。

這時還不需要推敲提案書的內容，這階段可能都還不知道內容的細節。但是決定要製作資料時，通常封面的內容已經確定，因此封面可以先做好。在封面寫上客戶公司名稱、資料標題（例如：關於○○的提案書）、提案書提交的年月日。而公司、部門名稱和著作權，應該早已固定在資料樣本檔案裡。提案書的標題之後還可以修改，先寫暫定的標題名稱即可。

接下來，即使提案書的內容未定，也得有目錄。目錄在封面之後，占一頁的版面，接著加入十三頁的空白頁，就完成了資料的雛形。

做好暫定的封面、空白的目錄，再加上十三頁的空白頁，這樣就是一個檔案。檔案名稱可以設定為「客戶名稱_資料名稱_日期.docx」。將檔案儲存在電腦桌面最明顯的位置，可以時時提醒自己這份資料在幾月幾日之前必須完成。

先做好資料的雛形，可以讓人放心一些，有了這個檔案，就等於跨出完成資料的第一步，不需要等到要提交資料的前夕才急急忙忙地從零開始。在決定要製作資料的時候，就先做好資料的雛形，就有這一點好處。

一份資料十五頁

依我的經驗來說，一份提案書或企畫案大約十五頁，十五頁的資料就足以說明主張。

chart 55 是一份資料的結構，首先有封面和目錄，一直到最後一頁的總結，一共十五頁。

例如要製作新事業計畫的提案書或企畫書，首先必須有封面、目錄，接著分析現狀和事業背景。新事業構想是這份資料的核心，用五～六頁來說明這項新事業的內容。接著說明事業拓展的藍圖、時程表，以

chart 55 資料結構的例子

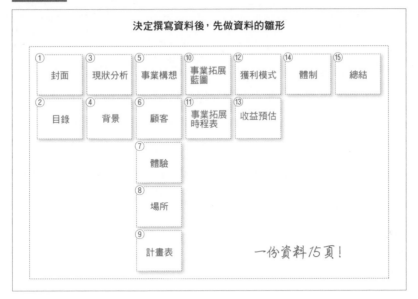

及分析獲利模式和收益預估，最後是新事業的推行體制，並為這份資料做總結。

chart 55 包含一份商業資料該有的內容和結構，當你不知道要如何編排一份資料時可以作為參考。

草稿要重寫幾次都不難

大約十五頁的資料結構確立之後，接著做每一頁的筆記。記下每一頁的相關內容，可以是那個頁面想傳達的訊息，也可以是手中掌握的

數據或案例。如果還沒有證據，就記下接著要如何蒐集數據或案例的行動規畫。反正只是筆記而已，寫什麼都可以，一定要記下一些內容。

下一個步驟是寫草稿。寫草稿時沒有必要從第一頁開始寫起，從容易下筆的那一頁開始，或是從證據充足的那一頁開始，是寫草稿的訣竅。開始下筆時就要回想資料的形式，也就是十二種視覺類型。

一個人的話，有紙有筆就可以開始寫草稿，如果是一個專案團隊，利用白板，和組員們一邊討論，一邊撰寫草稿，效果更好。這階段如果能和客戶（資料委託人）討論就更好了。資料的草稿必須透過一次又一次的討論才得以完成。

chart 56 就是我和客戶一邊討論，一邊寫下的草稿。每次討論的主題不盡相同，但我們都會一邊討論，一邊在白板寫下草稿。重要的是，在寫草稿時，腦中必須想著視覺手法的十二種類型。在草稿階段就先確定資料的形式，正式編輯資料時可事半功倍。

以階層構造分析一件事情時，結合論法可以幫助我們思考，這時就可以利用視覺類型⑤。如果是順著時間序列說明步驟，連鎖論法搭配視覺類型⑥就是好的選擇；或是利用視覺類型⑫的「田」字型矩陣，將內容做出區隔。

和客戶或專案團隊利用白板討論，感覺好像很困難，其實不然，只要牢記資料的基本樣式，知道該如何畫出資料的圖形架構即可。所謂的資料基本樣式，也就是十二視覺類型，記住這十二種圖形架構，透

chart 56 利用白板寫草稿的例子

草稿寫錯了也無所謂，重寫幾次都可以
在客戶公司寫下的草稿

NWJ 公司「建立與顧客長期關係的具體策略提案」相關討論

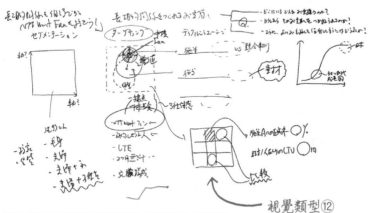

視覺類型⑫

「針對 NEJ 公司行銷策略『作戰計畫 A』的進行方式」相關討論

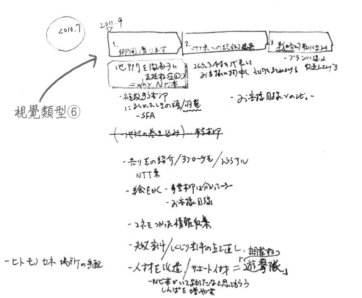

視覺類型⑥

過討論，就能完成資料的草稿。

草稿並不是正式資料，難免會有錯，難免會有還沒有理清楚的地方，完全不需要在意。透過深度的討論，一點一點地修改，甚至從重新來過，都沒有關係。

因此，千萬不要認為在草稿階段就能萬事順利。心裡想著也許會有錯，也許需要重寫，反而可以提高草稿的品質。

決定要製作資料時，就先打開電腦，做好資料的雛形，依序做好十五頁左右的資料結構。接著以筆記做每一頁的規畫，如果可能的話，與客戶進行討論並寫下草稿。只要照著這個順序做，就不會迷失，資料也能夠一步一步地完成。

均衡分配溝通、思考和資料製作的時間

一週的時間分配

chart 57 是資料製作的時間分配範例。和客戶初步討論後，到下一次的討論會之間，該怎麼分配時間，準備資料？在這個範例中，設定第一天下午和客戶做初步討論，五天後的第六天下午再和客戶開討論會，這中間的整整五天該如何分配、利用呢？

關於時間分配有兩個重點：第一個重點是，與其將時間耗費在寫資料，應該多與客戶、專案負責人，專案組員討論，並確保思考的時間。第二個重點是，依照資料產出的程序，先記下所有事情，接著撰寫草稿，才開始正式編輯。

chart 57 中的討論時間用藍底表示，如果你是專案組員的身分，每天至少要確保一至二次和專案經理討論的時間。如果你這個專案的負責人，無論再忙碌，也要抽空每天和組員們討論。因為要製作一份資料提交給客戶，必須經過一而再、再而三的討論才能夠完成。一個人對著電腦默默地寫資料毫無意義，請停止這樣的行為。

chart 57　時間分配的範例

討論的時間、思考的時間、資料製作的時間

兩次討論會之間的一週時間分配

藍色橢圓型內的百分比為資料的完成度。

另一個重點是要依照筆記、草稿、編輯這三道程序。範例中，第一天是筆記時間，第二天和第三天是草稿階段，到第四天才開始正式編輯資料。花點時間記下所有事情，撰寫草稿，建立討論資料的整體架構，最後才打開電腦正式編輯。

正式編輯時，一頁資料只花三十分鐘

依照 chart 57 的時間分配表，第四天和第五天開始正式編輯資料。如果完成一頁資料需要花超過三十分鐘的時間，那麼請停止手邊的工作，再和專案經理或其他組員討論。

一定有什麼原因導致無法在時間內完成一頁資料，例如證據不夠充分，或是這頁資料在整體中的定位不明確等。如果不檢討問題，勉強完成資料，不僅耗時，到最後這份資料也可能不被採用。因此，如果正式編輯時，超過三十分鐘仍毫無進展的話，就必須和夥伴們再討論一次，重新檢討資料的內容和定位。

許多人往往會到會議的最後一刻仍在趕著製作資料，這樣就無法從容地出席會議，和客戶進行討論。最好能在會議的前一天完成資料，最後一天留著練習簡報或說明。可以在腦海中做簡報的模擬練習，但如果能在專案經理或組員們的面前練習，那是再好不過了。

商業資料只不過是溝通的媒介。與其耗費時間在資料製作上，應該多花點時間練習簡報，清楚傳達訊息，讓客戶了解，這才是重點。

雖然說資料只是個溝通的媒介，但資料絕不允許出現致命的錯誤。例如數字錯誤，即使只有一個數字計算錯誤，就會令人懷疑所有資料的可信度。發現數字錯誤必須馬上訂正，數字以外的錯字等小細節就不需要過度神經質，與其修改這樣的小錯誤，把時間用在練習簡報才是明智的做法。

資訊量與思考量，將攸關成果

資訊量、思考量與成果之間關係，我以 chart 58 和 chart 59 來說明常見類型，以及理想類型。常見類型是隨著時間的經過，成果漸漸地上升，資料也一點一點地完成，但這類型的做法往往會讓時間不夠用。

一般而言，資訊量會隨著時間的經過呈 S 形曲線上升。至於從哪個時間點開始思考，就看個人的判斷了。開始思考的時間點，是決定成果大小的關鍵。

不想犯錯，希望每件事都正確無誤，因此，如果沒有蒐集到一定的資訊量，就不會開始思考，這是人的天性。但是，以「資訊量╳思考量＝成果」的計算方式來看，這麼一來，成果要到接近截止日時才會迅速攀升。

如果你是這種常見類型，當客戶問：「現在進行到什麼狀況？」你也只能回答：「現階段還在蒐集資料，等資料齊全後就會開始整理，敬請稍候。」這其實可以說是資料撰寫人自以為是的作業流程。

chart 58　常見類型

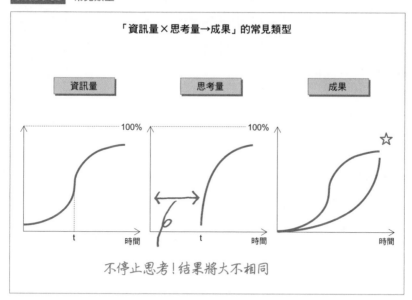

「資訊量×思考量→成果」的常見類型

資訊量　　　思考量　　　成果

不停止思考！結果將大不相同

chart 59　理想類型

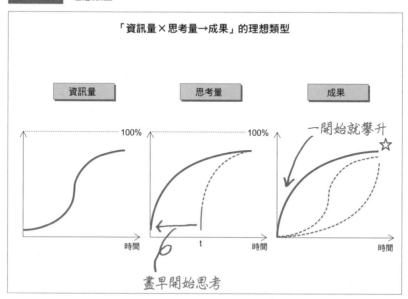

「資訊量×思考量→成果」的理想類型

資訊量　　　思考量　　　成果

一開始就攀升

盡早開始思考

相反地，chart 59 的理想類型，成果從專案一開始的時候就大幅攀升。如果你是這種類型，任何時候客戶詢問進度或狀況，你都可以回答大致的訊息。此外，如果在初期階段就有一定的成果，也比較不用擔心時間不夠用的問題。

　要達到這樣的理想狀態，關鍵在於開始思考的時間點和累積的思考量。也就是說，我們應該在專案一開始的時候，就盡早開始思考。即使沒有任何材料，也要大膽思考。根據自己過去累積的經驗和知識，就算手中沒有任何資訊，也要能夠深度思考。如此一來，在專案的初期階段就能大幅提升成果。

　為了避免在簡報或會議的前一刻才匆匆忙忙地完成資料，或是來不及完成的風險，我們必須盡早提升成果。關鍵就在於開始思考的時間點和累積的思考量。從初期階段，資訊量還很少的時候就開始累積思考，就越能夠確保成果，達成客戶的期待。

第 6 章

溝通，就是因應對方的變化

成功是歷經一次又一次的失敗，仍不失熱忱的能力。
Success is the ability to go from one failure to another
with no loss of enthusiasm.

——英國政治家 邱吉爾

商場上，決策的品質與速度是關鍵

不確定的時代來臨了

進入 2010 年代後，商場上的不確定因素越來越多，經營事業面對的問題已經改變，因此，要求的決策品質與速度也跟過去不一樣了。

chart 60 總結了經營決策的變化。

「試了再說」與「修正路線」

「試了再說」是日本三得利公司創辦人鳥井信治郎先生的名言。根據三得利的網站，創辦人鳥井先生無論身陷何種困境，都不曾放棄自己和自己打造的產品，而這樣的精神就濃縮在「試了再說」這四個字當中。冒險家的挑戰精神成為三得利的 DNA，在創業百年後的今天，仍然屹立不搖。無論遇到任何困難，都要一步一步地前進；遇到阻礙，就再從頭開始，再試試其他方法。這四個字的背後有著這樣的信念。

chart 60　現今的經營決策

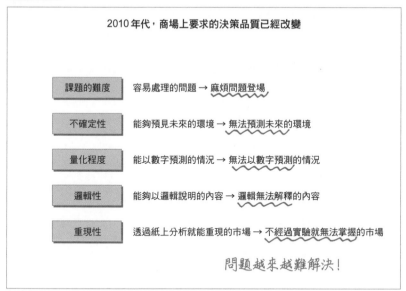

2010 年代，商場上要求的決策品質已經改變

課題的難度	容易處理的問題 → 麻煩問題登場
不確定性	能夠預見未來的環境 → 無法預測未來的環境
量化程度	能以數字預測的情況 → 無法以數字預測的情況
邏輯性	能夠以邏輯說明的內容 → 邏輯無法解釋的內容
重現性	透過紙上分析就能重現的市場 → 不經過實驗就無法掌握的市場

問題越來越難解決！

參考資料：Jean-Pierre Protzen and D. J. Harris, *The Universe of Design: Horst Rittel's Theories of Design and Planning*.

　　史丹佛大學教授布藍克（Steve Blank）則主張反覆實驗。現今在大學任教的布藍克，過去曾帶領矽谷八家初創企業成功創業。他認為，初創企業要成功，或是大企業要在新事業領域中獲得成功，商品開發和顧客開發是關鍵。事業成功的祕訣就在於反覆地「修正路線」，發掘顧客。

　　三得利的「試了再說」和布藍克的「修正路線」可說是息息相關。做任何事情，總之「試了再說」，遇到困難就再「修正路線」，重新來過。在充滿不確定性的時代，我們應該要有這樣的思維和做法。

決策者的需求時刻都在改變

以「試了再說」和「修正路線」作為經營決策的前提，那麼，我們在撰寫商業資料時也必須敏捷地因應變化，隨時調整內容，才能夠說服對方。舉例來說，也許需要調整新事業的目標客層，或者針對新的目標顧客，變更提供的產品或服務。

事業的商業模式一改變，金錢的流向和收益計算方式也會改變，甚至企業的合作夥伴也有可能改變。這樣的變化如今已是成常態，如何順應決策者的需求完成資料，是我們最大的挑戰。因此，資料製作術的重點，就是反覆的溝通，掌握決策者最新的需求，迅速修正路線。

我們撰寫商業資料，是為了和決策者能夠順利溝通。特別是近幾年，決策者的意見隨時在變化，身為資料撰寫者的我們，也必須配合這樣的改變才行。現今需要的資料製作術，修正路線或重新來過，是無可避免的過程。

資料製作的流程變了

過去的資料製作方式

商場上要求的決策品質與速度已不同於過去,因此,資料製作的流程也必須跟著改變。

chart 61 的上半部是我們過去習慣的資料製作方式。當我們接受委託,就要在期限內完成資料,交到客戶手中,並進行簡報。在這段期間,資料撰寫者和委託者之間直接對話的機會並不多,嚴格來說,只有最初和最後兩次機會而已,中間則完全是資料撰寫的時間。

假設我們一星期後必須完成提案資料,進行簡報,那麼,這段期間大家會如何完成資料呢?我想,撰寫資料的順序,不外乎就是先完成一頁的資料後,再接著進行下一頁,一頁一頁確實地完成提案資料。換句話說,認真地撰寫每一頁資料,裝訂好後,資料就算完成。這是過去我們習以為常的資料製作方式。

chart 61　資料製作流程的變化

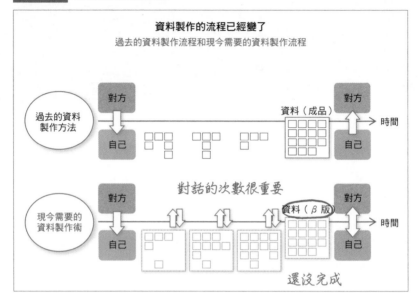

資料製作的流程已經變了

過去的資料製作流程和現今需要的資料製作流程

現今需要的資料製作術

chart 61 的下半部則是現今需要的資料製作流程，很明顯地，資料撰寫者和委託者之間對話的次數變多了。從我們接受委託，到提交資料給對方，在這段時間裡，和委託者之間非正式對話的次數，將決定這份資料會不會成功。由於委託人的需求時刻都在改變，如何將這些改變反映在資料中，是勝負的關鍵。

現今的資料製作術，必須先有整體的藍圖，再一點一點地完成資料。這時，透過與委託者的非正式對話，可以隨時掌握對方的想法。

「到現階段為止，我們掌握到的事實是○○，因此可以說◇◇，因為△△能夠證明。□□部分尚在調查當中，預計下次就能向您報告。」

像這樣向客戶報告進度並確認內容，再將談話的內容反映在資料上。

還有一個重點，提交給客戶的資料只是 β 版，而不是成品。因為商場上的變化永無止盡，完成的資料絕對不會是最後的成品。要了解，我們完成的資料只是配合對方目前狀況的 β 版，必須透過和對方反覆的討論，不斷更新資料。

產出的優劣，取決於你輸入了什麼

無疑地，我們製作的資料就是一種「產出」。有「輸入」，才會有「產出」，因此我們可以說，如果沒有充分的輸入，就不會有優質的產出。

chart 62 說明資料製作術中，輸入與產出之間的關係。左側的案例研究、學習他人的經驗、自身的經驗、現在面對的客戶，都是輸入的管道。其中，最直接、也最有效的方法，當然是面對客戶，和客戶一起討論，一起思考。透過和客戶反覆的交談，充分掌握對方的想法，這比什麼都重要。

每個人都有自己的個性和習慣做法，我們在產出時，往往會照著自己的想法和經驗進行。但是在製作資料的時候，自己的個性和思考的

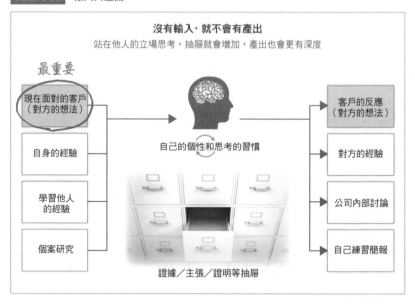

chart 62　輸入與產出

沒有輸入，就不會有產出
站在他人的立場思考，抽屜就會增加，產出也會更有深度

最重要

現在面對的客戶
（對方的想法）

自身的經驗

學習他人
的經驗

個案研究

自己的個性和思考的習慣

證據／主張／證明等抽屜

客戶的反應
（對方的想法）

對方的經驗

公司內部討論

自己練習簡報

習慣有時候反而會礙手礙腳，阻礙我們了解對方的個性和習慣做法。因此，和客戶對談，從客戶那裡獲得輸入非常重要。

　　獲得各種「輸入」後，在自己的腦中反覆思考，就可以進行「產出」。如 chart 62 的右側顯示，產出也有很多種方式：自己練習簡報、在公司內部討論，或是和決策方討論。

　　同樣地，其中最有效的方法，就是試著向客戶說明自己目前的想法，試探對方的反應。如果能知道客戶的反應，就可以再化為輸入，提高資料的品質。這也就是上一節提過的「試了再說」和「修正路線」的過程。

對起點的誤解

工作上,很容易陷入 chart 63 左側的情況吧。和客戶討論過後,以為自己已經了解客戶的需求,或者已經掌握客戶需求的全貌,亦或是

chart 63　資料製作的起點

正確掌握時刻變化的客戶需求
資料製作的起點

	容易陷入的情況	理想的情況
理解程度	以為自己已經了解客戶的需求 ● 參加者的理解程度不一	120% 了解客戶的需求
整體藍圖	以為自己已經掌握客戶需求的全貌 ● 有些忘了,有些漏了,連結不上	規畫客戶需求的整體藍圖
時間序列	期待到下次開會之前,客戶的需求 不會再改變 ● 抗拒變化	以客戶的需求會改變為前提, 加入每個階段的變化
	只知道客戶最初的需求	持續掌握客戶需求的變化

期待到下次開會之前，客戶的需求不會再改變。撰寫資料的人會這麼認為，是因為我們都自以為不應該一再地問客戶同樣的問題，不應該浪費客戶的時間。

此外，製作一份資料相當的繁瑣，總是希望客戶的需求最好不要有任何變化。一旦客戶的需求改變，整份資料就必須重做，這種麻煩事總是希望能免則免。

不和客戶對話，就無法得知客戶需求的變化，如此一來，我們就會以改變前的需求為目標，繼續完成對方已經不需要的資料。

掌握時刻都在改變的客戶需求，這才是理想的資料製作的起點。不僅是100％地掌握，要120％地正確掌握。客戶在想什麼，我們必須完全掌握，並且在腦中畫出整體藍圖。此外，要以客戶的需求會改變為前提，不抗拒變化，將每一階段的變化都反映在資料裡。

因此，資料撰寫者要持續和委託者對話，正確掌握對方真正的想法，並且接受對方隨著時間不斷變化的需求和要求。

對終點的誤解

如 chart 64 所示，大部分的人對資料製作的終點也有一些誤解。常有的誤解包括，自以為客戶要求的資料必須是成品，或是自以為每一頁資料都要加入眩目的圖表，此外，因為不希望和客戶發生爭論，害

chart 64 資料製作的終點

配合客戶的行動，建立邏輯，分享未完成的故事
資料作成的終點

	容易陷入的情況	理想的情況
理解程度	自以為客戶要求的是成品	沒有成品，資料永遠是未完成的狀態
整體藍圖	重視視覺效果，做出眩目的圖表	不需要炫目的圖表，只需要傳達一個有趣的故事
時間序列	害怕立場堅定地說出自己的主張	正確答案不會只有一個，不要害怕說出明確而有邏輯的主張
	避免和客戶討論，只想盡快完成客戶交付的任務	期待和客戶一邊討論的同時，一步步完成資料

怕立場堅定地說出自己的主張。

只想著在期限內完成客戶委託的資料，避免和客戶討論，只想盡快完成客戶交付的任務，這是目前製作資料時常有的思維和行為。

然而，理想的資料製作術，需要什麼樣的思維和行為呢？簡單來說，配合客戶的行動，建立邏輯，分享未完成的故事。

首先，最基本的思維就是，資料永遠是未完成的狀態，沒有成品。其次，不需要一張張完美的資料，只需要吸引人的有趣故事。再者，正確答案永遠不會只有一個，不要害怕說出明確而有邏輯的主張。

這些思維、行動的前提是，了解完成的資料只是促進事業成功的工具。因此，我們必須重視和客戶的討論，一步步提升資料的內容。

　　對於資料撰寫者來說，過去的資料製作方式早已失效，從今爾後，我們必須站在客戶的立場，改變既往的資料製作方式，才能引導企業通往成功之道。

好的溝通，和資料的頁數無關

即使只有一頁資料，也能和客戶對談

chart 65 只有一頁資料，這是我為了和一家零售企業的負責人進行討論所準備的資料。我想讓各位讀者們知道，即使沒有十五頁資料，只要一張資料，也能和客戶對談。

在這張討論筆記包含三個重點：第一、客戶公司郵購事業的現狀；第二、亞洲事業夥伴的要求；第三、「TRUCK MARKET in Asia」的新事業方案。

只有一頁資料而已，也許證據還不足夠，也沒有任何視覺效果，但是主張明確。以這個主張試探對方的反應，若能得到客戶的回應，就知道下次的討論方向。因此，依情況而定，有時候只有一張討論資料或企畫資料，也能和客戶進行討論。

chart 65　只有一頁討論資料

即使只有一頁資料，也能和決策者順利溝通

一頁的討論筆記

2013 年 12 月 31 日

TKC 股份有限公司
董事長兼總經理 SKSJ 先生

無須害怕，明確提出3個重點

itte design group 股份有限公司
董事長兼總經理　森　秀　明

<u>亞洲郵購事業的討論筆記</u>

1. TKC 公司的郵購事業

・目前郵購事業的營業額約占整體的 1%。以其他公司的 5% 為目標，盡速提高至 2.5%。（郵購事業的營業額約 20 億日圓）

・比起投資實體店面，在海外展開郵購事業風險較低，無須過於慎重，可以小額投資，反覆測試市場。

・商品的中文翻譯已在進行。

・國內倉庫正在改革，停止由埼玉郵購倉庫出貨，改由新宿店面出貨。
（從何時開始？）

2. 亞洲貿易公司的要求

・希望試賣 TKC 公司的商品，先設定月營業額 1,000 萬日圓，以示本公司的行銷和銷售能力。

・請 TKC 轉讓郵購倉庫和店面的庫存商品。在日本流動率低的滯銷商品，在中國有可能為消費者所接受。

・計畫在 2014 年 3 月底開設郵購的網頁。4 月左右開始準備在 S 城市的實體店面。

3. 「TRUCK MARKET in Asia」的提案

・以期間限定的方式，進行「TRUCK MARKET in Asia」試賣活動。

・只銷售「made in Japan」商品的 B2C 市場。

・2014 年 4 月至 9 月的 6 個月期間，在 S 城市的實體店面和郵購同時進行。

・針對亞洲銀行 160 萬客戶和信用卡會員進行促銷。

以上

零資料的溝通技巧

　　與客戶的重要討論會議要開始了，卻來不及完成資料，這時候各位會怎麼做呢？我就有過這樣的經驗，資料已經完成，但是還在等候列印。客戶特意撥出的寶貴時間，會議絕對不能延遲。在這樣的情況下，善用手邊的紙筆或白板，馬上開始進行說明是最好的做法。

　　chart 66 是我和一家綜合飲料廠商進行討論時的手寫草稿，當時的討論主題是「開發新產品的策略」。根據客戶的說法，改良既有產品比較容易，開發新產品難度比較高。此外，在一個組織裡，有人擅長發

chart 66　在紙上撰寫草稿

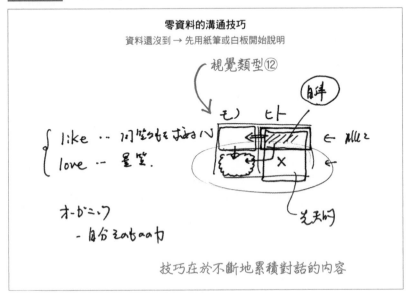

揮創意，也有人並非如此。也就是說，在組織裡，有一種人擅長創造新事物，另一種人則是擅長在既有的事業領域中務實地完成工作。

透過上述的對話內容，我畫了一個「田」字型矩陣。我和客戶一起完成這張草稿，橫軸分為產品和人才，縱軸則分為 LIKE 和 LOVE。LIKE 表示喜歡同質性事物，LOVE 則表示喜愛異質性事物。改良既有產品和 LIKE 較為接近，開發新產品則和 LOVE 較為接近。

我們以這張簡單的圖表進行討論，話題也衍伸至客戶公司裡有擅長改良既有產品的人，也有擅長創造新事物的人。開發新產品需要有創意的人才，客戶也開始思考要如何活用這類型的人才。當時我沒有帶任何資料進會議室，但是和客戶的對談卻是越來越有趣，討論也越來越白熱化。

反覆溝通，就能完成資料

chart 67 就是利用 chart 66 的草稿完成的正式資料。當然，草稿還經過多次的修改。

chart 67 要傳達的訊息是，要打造未來事業的支柱，如何活用組織中的異質性人才，將是關鍵。橫軸分別是站在既有產品的延長線上改良產品，或是開發新商品。縱軸則分為人和事物。

以這張矩陣圖來思考，一般來說，組織中的同質性人才，會不斷地

chart 67　未來事業的支柱與異質人才的活用

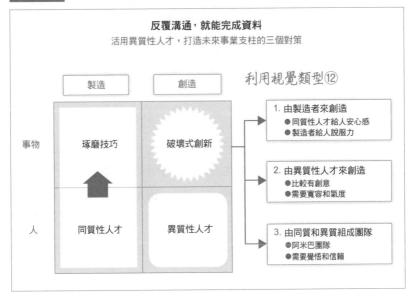

反覆溝通，就能完成資料

活用異質性人才，打造未來事業支柱的三個對策

| | 製造 | 創造 | 利用視覺類型⑫ |

事物：琢磨技巧／破壞式創新

人：同質性人才／異質性人才

1. 由製造者來創造
   ● 同質性人才給人安心感
   ● 製造者給人說服力

2. 由異質性人才來創造
   ● 比較有創意
   ● 需要寬容和氣度

3. 由同質和異質組成團隊
   ● 阿米巴團隊
   ● 需要覺悟和信賴

琢磨技巧，改良既有產品。反之，如果需要破壞式創新精神來開發新產品，就需要異質性人才。

　　有三個方法可以產生破壞式創新：第一、由製造者來創造；也就是由既有組織中在既有產品的延長線上負責製造的人，開始挑戰開發新產品。第二、由異質性人才來創造新產品；也就是在同質性的組織中，活用異質性高的人才。第三、同質性人才和異質性人才共同創造新產品；由同質性人才管理團隊，讓異質性人才發揮創意。

　　在這兩個例子中，我們可以看到，一張不起眼的筆記或草稿，也能發揮影響力。就算和客戶討論時手上沒有任何資料，也能透過討論，

完成具說服力的商業資料。

　　再強調一次，溝通的成敗不在於資料的頁數。要達要有效的溝通，有時必須訓練自己用一頁資料決勝負；就算赤手空拳，也要能和對方對談。

　　資料製作術必須隨著時代的變化，因應客戶的情況，越來越進步。透過與客戶的多次對談，盡快修正路線，這比任何事情都重要。我們製作資料是為了要說服對方，因此，雙方的溝通就決定了一切。

　chart 68 是將美國廣告代理商協會前會長楊傑美（James Webb Young）的著作《創意，從無到有》的精華整理成一頁資料，利用的是連鎖論法（視覺類型⑥）。

　這本有關創意生成的名著，可說無人能出其右。

　楊傑美主張，創意只是將既有要素做新的組合，別無其他。要將既有要素重新組合，仰賴能夠發現數個事物關連性的能力。因此，想提升創意，就要讓大腦養成習慣，去尋找數個事實之間的關連性。此外，要傳達一個

chart 68　創意的生成

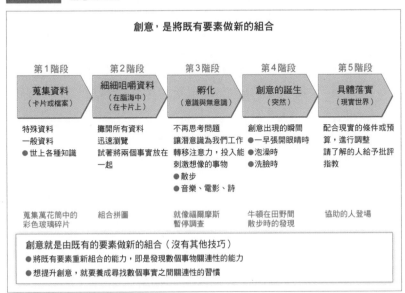

新的想法，必須輸入多個既有要素，反覆組合，進行實驗。

　　他將創意的生成分為五個階段：第一階段，蒐集資料；第二階段，將蒐集來的資料在腦海中，或是寫在卡片上細細咀嚼；第三階段，資料會在意識與無意識之間孵化；第四階段，創意就突然出現；在最後的階段，具體落實創意。也許在現實世界裡，條件過於苛刻，也許預算過於緊縮，創意能否符合市場，必須經過反覆實驗才能下結論。

　　比較 chart 68 和 chart 62（p. 144）可以發現三個有趣的共通點。

　　第一點，必須輸入很多資訊，尤其是取得客戶腦中的資訊。第二點，輸入多項資訊後，到創意孵化之前必須不斷地咀嚼，換句話說，要把資訊放在心裡，讓它發酵。第三點，一個嶄新的創意是否符合客戶的需求，必須試探客戶的反應，如果不符合就再重新思考，如此反覆實驗。

　　資料製作術和創意生成法有不少的共通點，一個嶄新的創意或一份具有強烈說服力的資料，都需要不斷地累積輸入的資訊，並結合既有要素，找到新的組合。

big 343

外商顧問超強資料製作術（熱賣新裝版）
BCG 的 12 種圖形架構，學會就能說服任何人！

作　　　者—森秀明
譯　　　者—連宜萍
主　　　編—陳家仁
編　　　輯—黃凱怡
企劃編輯—藍秋惠
美術設計—陳文德

總 編 輯－胡金倫
董 事 長－趙政岷
出 版 者－時報文化出版企業股份有限公司
　　　　　108019台北市和平西路三段240號4樓
　　　　　發行專線－(02)2306-6842
　　　　　讀者服務專線－0800-231-705・(02)2304-7103
　　　　　讀者服務傳真－(02)2304-6858
　　　　　郵撥－19344724 時報文化出版公司
　　　　　信箱－10899臺北華江橋郵局第99信箱
時報悅讀網—http://www.readingtimes.com.tw
法律顧問—理律法律事務所 陳長文律師、李念祖律師
印刷—絃億印刷有限公司
初版一刷—2015年6月26日
二版一刷—2020年11月20日
定價—新台幣300元
（缺頁或破損的書，請寄回更換）

外商顧問超強資料製作術：BCG 的 12 種圖形架構，學會就能說服任何
人！/ 森秀明著；連宜萍譯. -- 二版. -- 臺北市：時報文化, 2020.11
　　168 面；14.8×21 公分. -- (big；343)
　　譯自：外資系コンサルの資料作成：短時間で強烈な 得力を生み出す
　　　フレームワーク
　　ISBN 978-957-13-8405-4(平裝)

1. 文書管理

494.45　　　　　　　　　　　　　　　　　　109015433

GASHIKEI CONSULT NO SHIRYO SAKUSEI-JUTSU
by SHUMEI MORI
Copyright © 2014 SHUMEI MORI
Chinese (in complex character only) translation copyright ©2020 by China Times Publishing
Company
All rights reserved.
Original Japanese language edition published by Diamond, Inc.
Chinese (in complex character only) translation rights arranged with Diamond, Inc.
through BARDON-CHINESE MEDIA AGENCY.

ISBN 978-957-13-8405-4
Printed in Taiwan